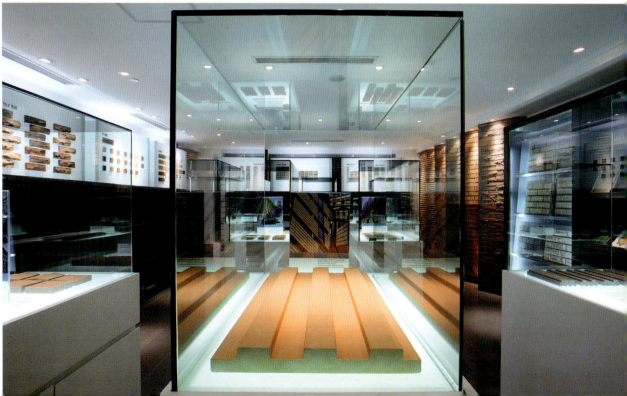

公共建筑装饰设计实例图集
3（下）

东华大学环境艺术设计研究院

鲍诗度　王淮梁　李学义　主编

中国建筑工业出版社

主　编：鲍诗度　王淮梁　李学义

编　委：徐　莹　杨　敏　贺　梦　章小平
　　　　杨凤菊　李　成　韩　琛　唐先全

目 录

室内空间（上）

第一章：酒店空间

1	大堂	5
2	公共走廊	32
3	电梯厅	45
4	餐厅	54
	中式餐厅	54
	日式餐厅	60
	西餐厅	89
	餐厅包房	94
5	宴会厅	97
6	游泳池	104
7	客房	123
8	酒店公寓	139
9	服务台	152
10	楼梯	159

第二章：办公空间

1 办公楼大厅 170

2 办公室 200

3 会议室 211

室内空间（下）

第三章：休闲娱乐空间

1 咖啡厅 5

2 酒吧 25

3 会所 44

4 服务区（一） 67

5 服务区（二） 72

6 洗浴中心 83

第四章：公共卫生间

1 酒店公共卫生间 104

2 办公区公共卫生间 107

3 服务区公共卫生间 115

第五章：居住空间

1. 客厅 123
2. 餐厅 150
3. 卧室 154
4. 书房 164
5. 儿童房 168
6. 厨卫 175

休闲娱乐空间 第三章

　　休闲娱乐空间设计是比较复杂的，它涉及诸多综合技术与具体物件。设计师必须灵活运用各种知识，对室内进行多层次的空间设计，使大空间饰面丰富，小空间布局精巧，合理划分功能区域，巧妙组织人流线。休闲娱乐空间是人们集体娱乐的场所，没有一个科学、合理的交通流线设计，休闲娱乐空间就会拥挤不堪，从而造成工作上的混乱。休闲娱乐空间设计还要符合现行国家防火规范的有关规定，严格控制好平面与垂直交通、防火疏散相互关系，根据使用功能不同组织好内外交通路线。另外，休闲娱乐空间虽然应装饰得华丽美观，但不能变成满眼奢华的材料堆砌。设计师应该充分应用新材料和新技术，从实用功能需要出发，推陈出新，创造出新颖巧妙、风格独特、功能齐全的休闲娱乐空间环境。

（一）休闲娱乐空间顶部构造设计

不同的休闲娱乐场所装饰设计的要求各有差异，但人们总是比较喜欢相对封闭、独立的小空间。休闲娱乐场所顶棚设计不仅要考虑室内装饰效果和艺术风格的要求，设计师还要协调好空间的具体尺寸，把握好顶棚内部空间的尺寸，充分考虑好顶棚内部风、水、电等设备安装的空间的距离，同时又要确保顶棚到地面比较适宜的空间尺度。

1. 顶棚装饰的特点分析

休闲娱乐场所顶棚的造型、结构、材料设计都比较复杂，吊顶的层次变化比较丰富。因此设计师在休闲娱乐场所吊顶造型、基本构造、固定方法等方面的设计必须从整体考虑，其设计必须符合国家现行的相关标准规范。

2. 顶棚构造设计

顶棚装饰效果会直接地影响人们对该休闲娱乐i场所的空间感受。酒吧、咖啡厅的空间尺度较小，而且比较紧凑。休闲娱乐场所顶棚设计常会选用构造相对简单，层次变化较小的结构形式来表现，顶棚饰面材料多选用高雅、华丽的装饰材料，结合变化丰富但照度偏低的灯光效果，如LED灯等。这样不仅可以充分合理地利用有限的空间，同时又能营造出丰富的感官效果。

休闲娱乐场所的顶棚表现形式有丝质幔帐顶棚、金银箔饰面顶棚、玻璃镜面装饰顶棚、金属构造装饰顶棚、发光材料装饰顶棚等。

（二）休闲娱乐空间墙面装饰设计

设计师在休闲娱乐场所墙体的设计时，必须提供详细的构造图纸，以保证墙体的稳定、防火、防水、隔声等方面符合国家的相关规范要求。

以块材为饰面的基底，必须分清粘贴、干挂等不同的构造关系，合理地选择基层材料和配件，同时要做好基层材料的防火、防潮处理。装饰面层材料的品种、形状、尺寸的设计要充分了解材料的性能、特点，巧妙地利用材料的不同性能特征来营造环境装饰效果。

1. 休闲娱乐场所墙面装饰特点分析

休闲娱乐场所的墙面装饰变化丰富，且私密性的空间较多，因此在墙面装饰设计时既要以其使用功能为前提，做好墙面的隔声、防火设计，同时又要超越物质空间的层面，来关注消费者的精神空间，让休闲娱乐场所真正成为人们依托精神、缓解压力的理想世界。

2. 娱乐场所墙面装饰设计

设计师要把无形的音乐元素如韵律、节拍和音调等都转化为有形的空间元素，通过塑造墙面鲜明而独特形象造型，营造出幽暗的氛围，为夜生活的人们制造入夜的情调。

在每一个空间的墙面中，设计师怎样运用刚硬质感的材料与柔软质感的材料相互搭配，让刚硬与柔软融合，激发出新颖的火花。设计师应该通过选用不同的材料与构造，为每一个空间营造出迥异的风格和独特的氛围。如墙面采用透光石、镜面与皮革等材料略作装饰，在朦胧的灯光下会映照得格外诱人。

色彩能唤起人们的情绪，休闲娱乐场所墙面的颜色是至关重要的，因为它能诱发刺激人们不同的感情。设计师要把握好材料之间的色彩关系，并巧妙地利用灯光来营造各种不同的情感氛围。

（三）休闲娱乐空间地面铺装设计

休闲娱乐场所地面装饰因功能性质不同有着很大的差异，如休闲会所的地面需要给人一种松弛、平和的心境，地面多以亮丽的石材、地砖或地毯来表现。而酒吧、咖啡馆的地面则多用灰暗的色调来烘托其灯红酒绿的神秘，在这里深色粗放的材料成为设计师的宠儿。

在结构构造上，休闲娱乐场所的地面常以架空的结构形式来追寻空间效果与变化，通过透光材料和内藏灯光，营造令人惊叹的视觉效果。值得注意的是，透光材料的厚度、强度设计及收边、收口设计都是设计师要引起重视的问题。

休闲娱乐场所的地面饰面材料的种类很多，如玻璃砖、透光石、地砖、地毯、金属、木材、混凝土等。

图纸部分

三 休闲娱乐空间 1 咖啡厅

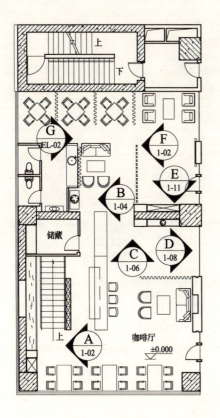

咖啡厅一层平面图

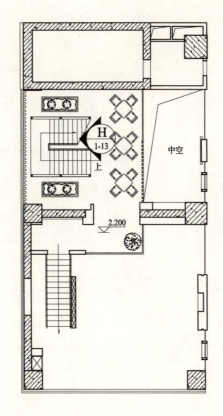

咖啡厅夹层平面图

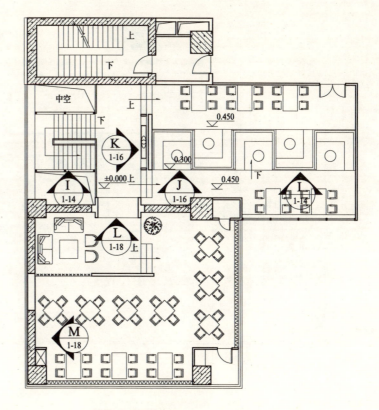

咖啡厅二层平面图

三 休闲娱乐空间 1 咖啡厅

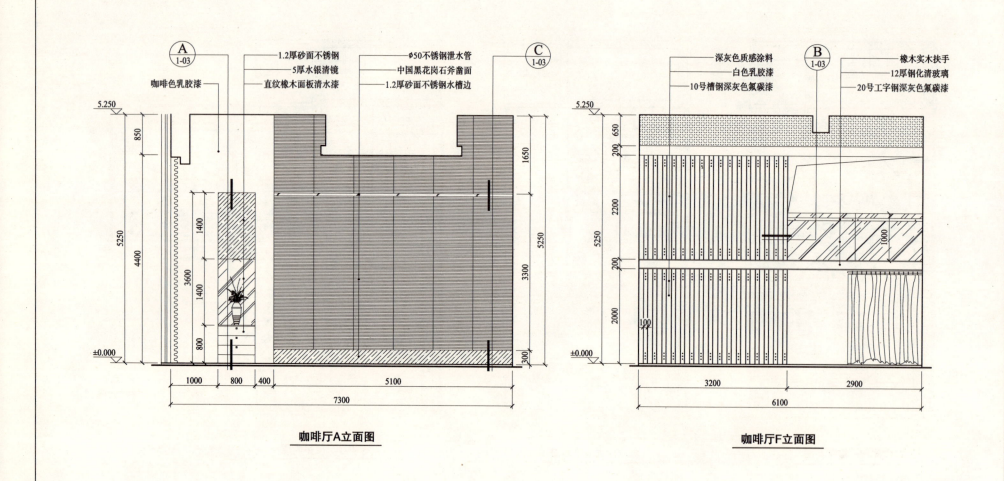

咖啡厅A立面图

咖啡厅F立面图

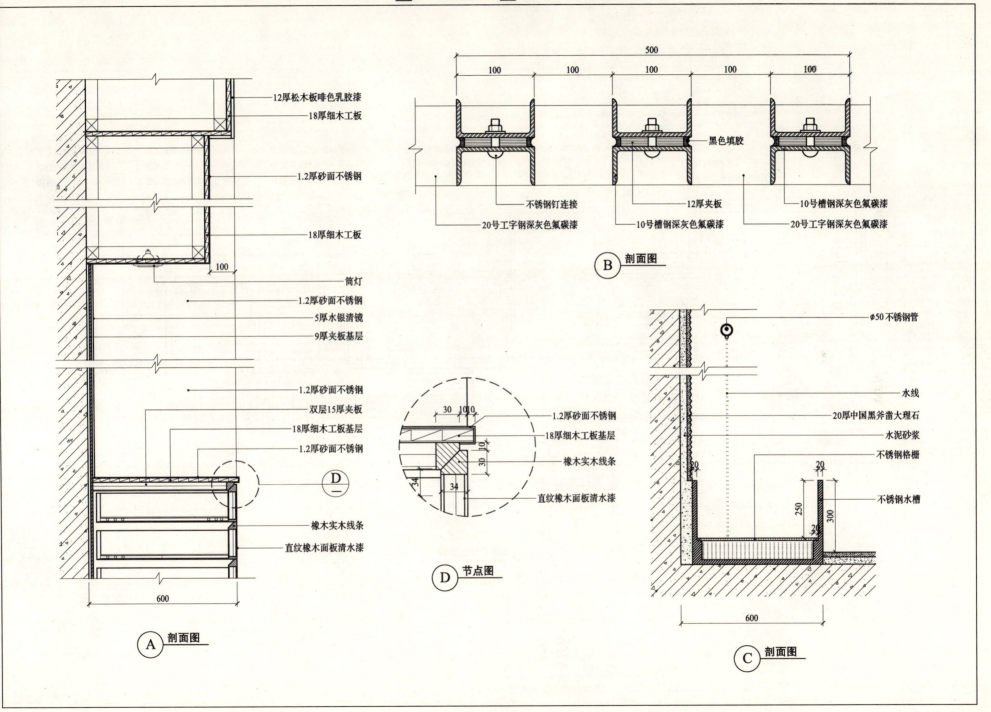

三 休闲娱乐空间 1 咖啡厅

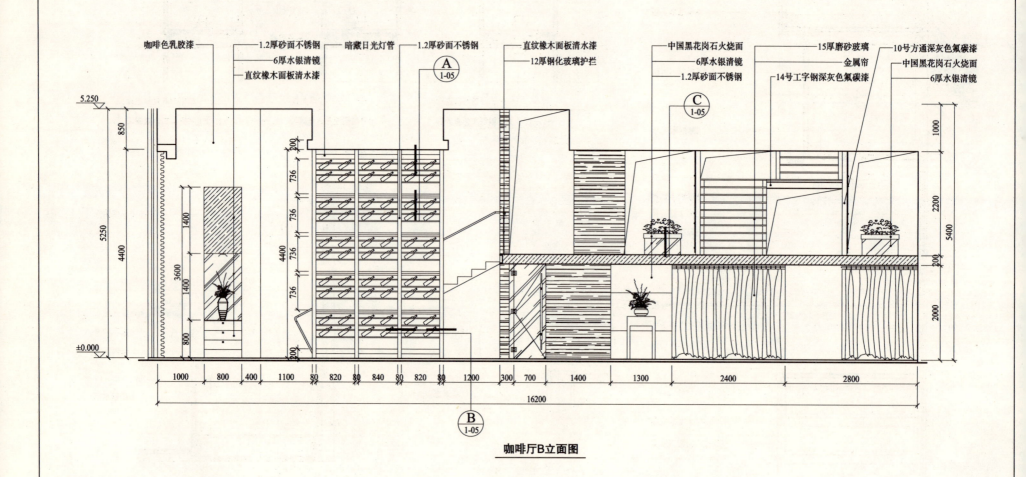

咖啡厅B立面图

三 休闲娱乐空间 1 咖啡厅

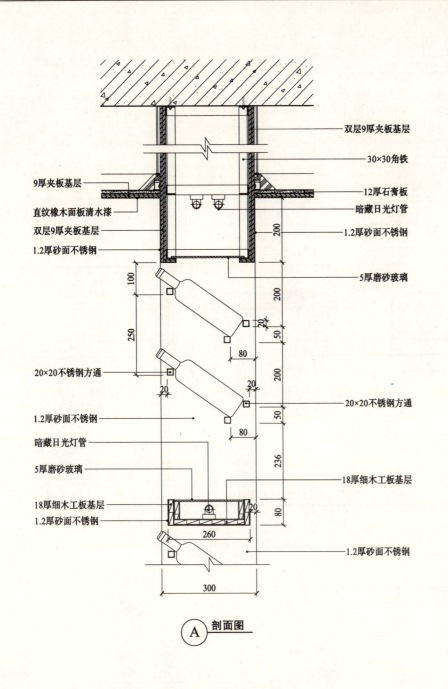

A 剖面图

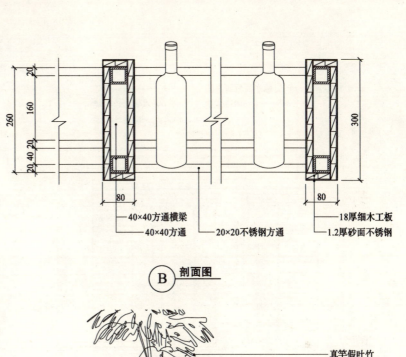

B 剖面图

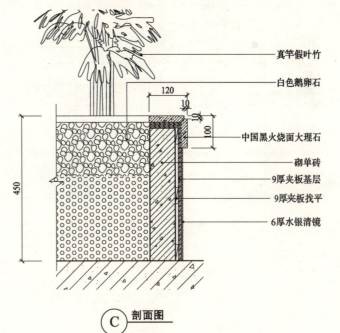

C 剖面图

三 休闲娱乐空间 1 咖啡厅

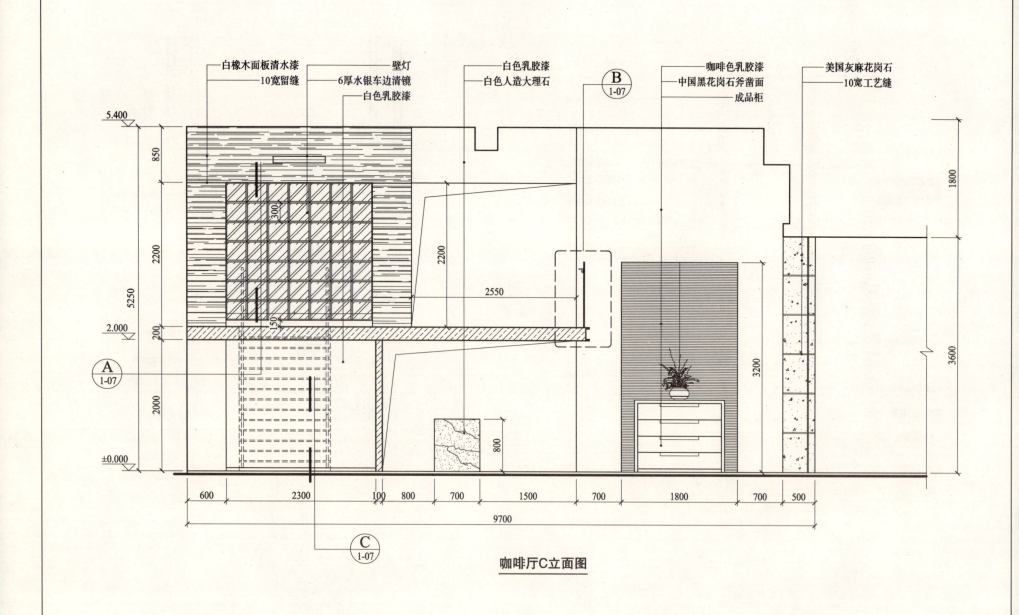

咖啡厅C立面图

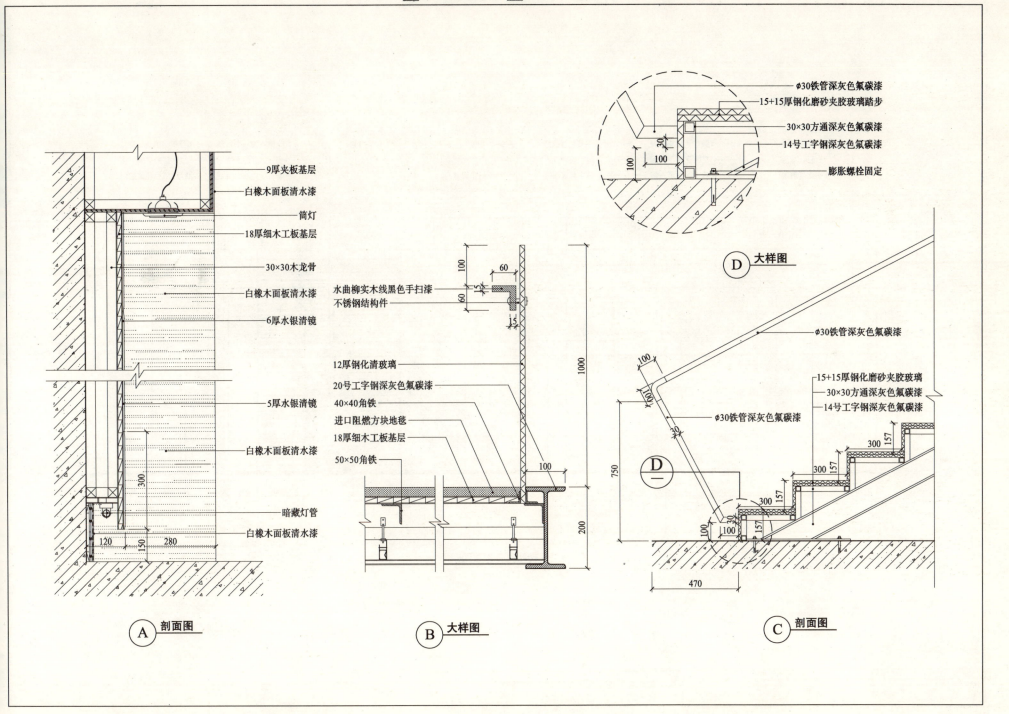

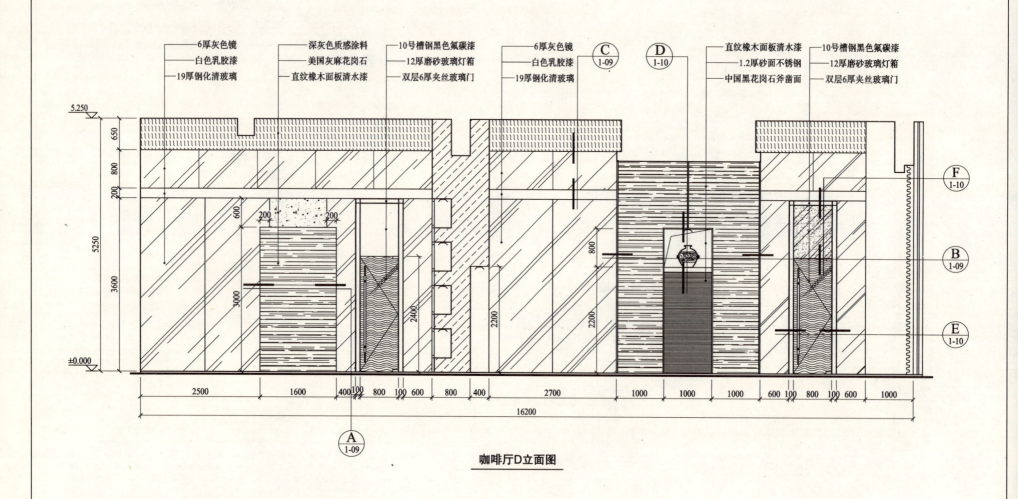

三 休闲娱乐空间 1 咖啡厅

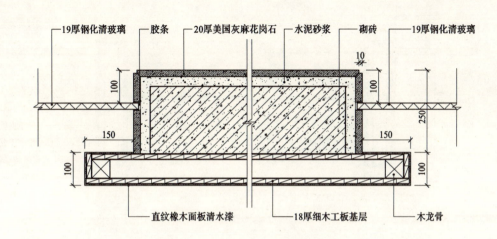

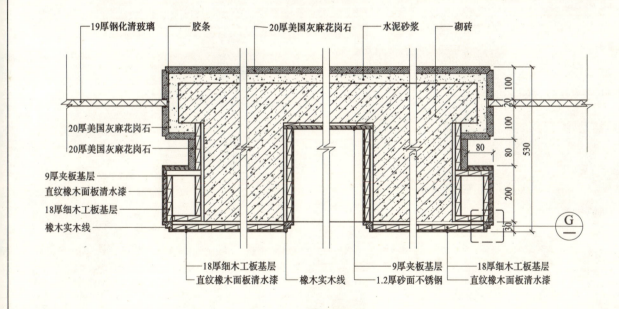

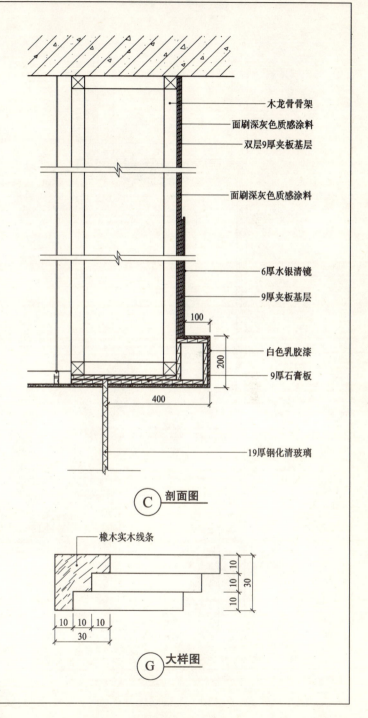

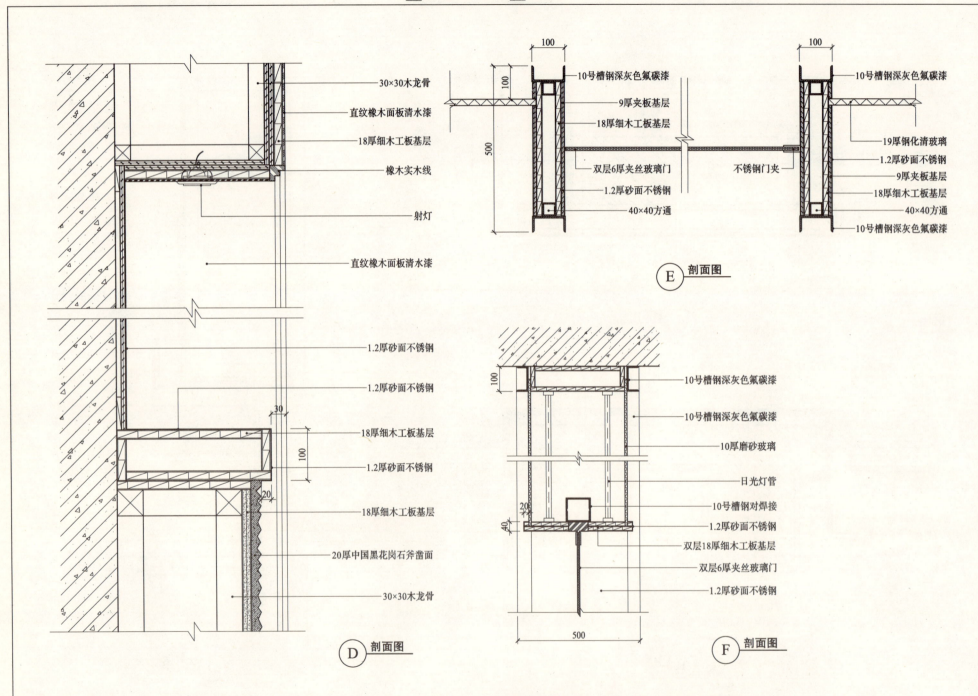

三 休闲娱乐空间　1 咖啡厅

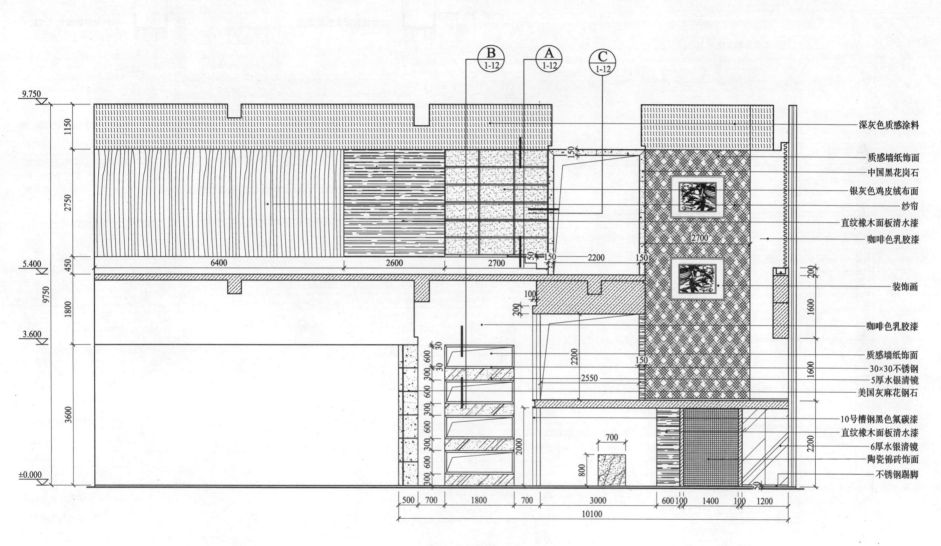

咖啡厅E立面图

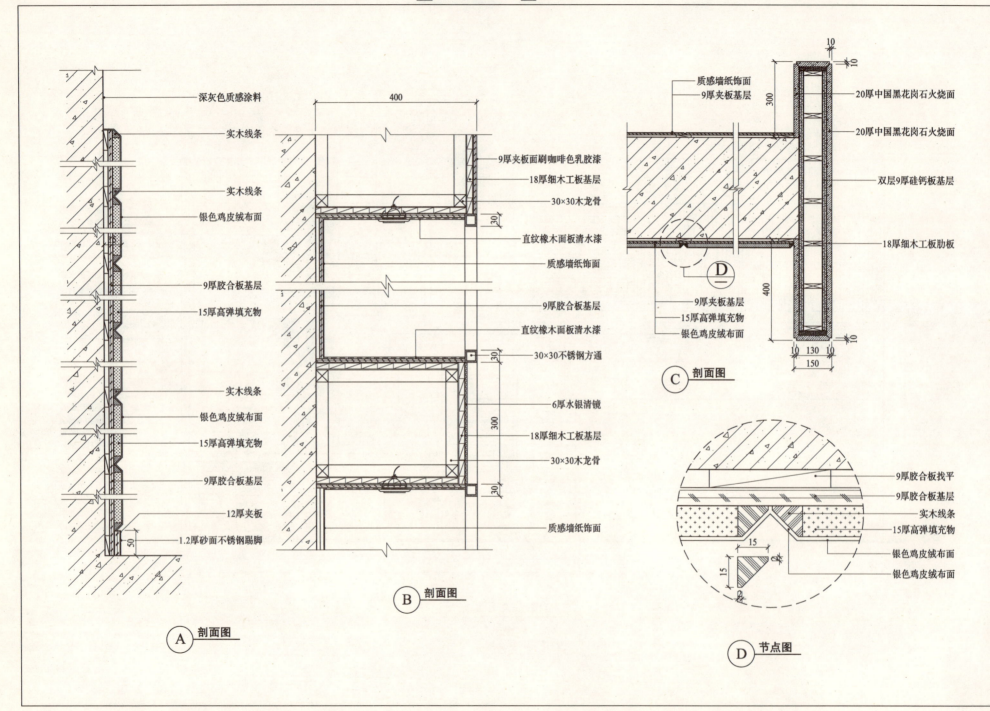

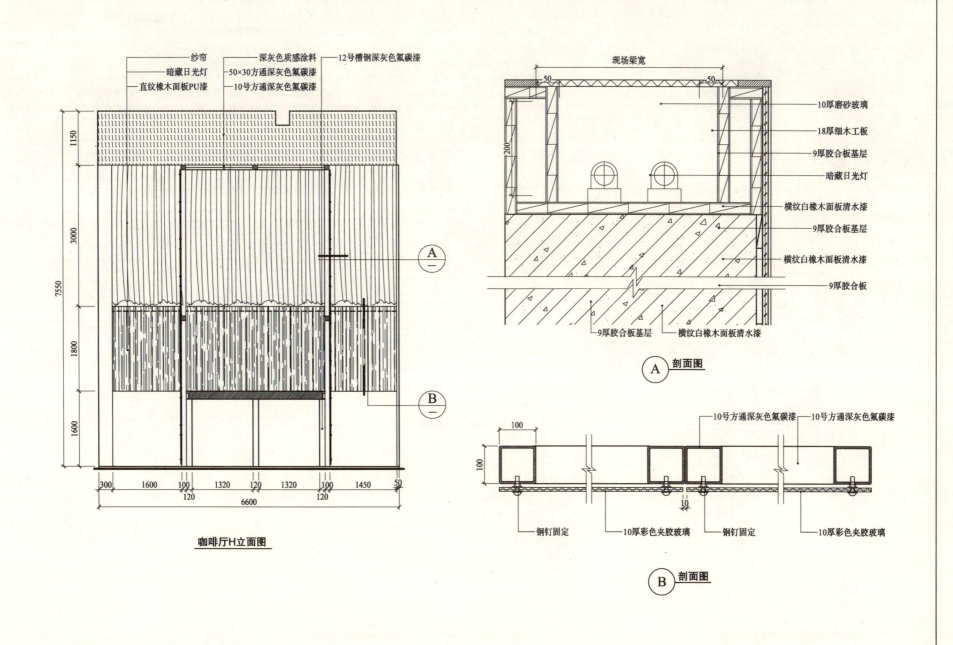

三 休闲娱乐空间 1 咖啡厅

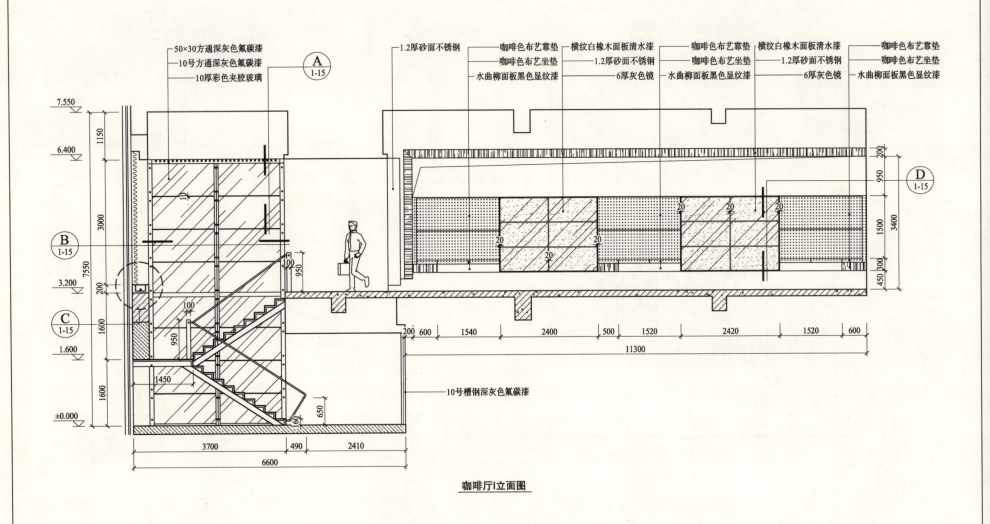

咖啡厅1立面图

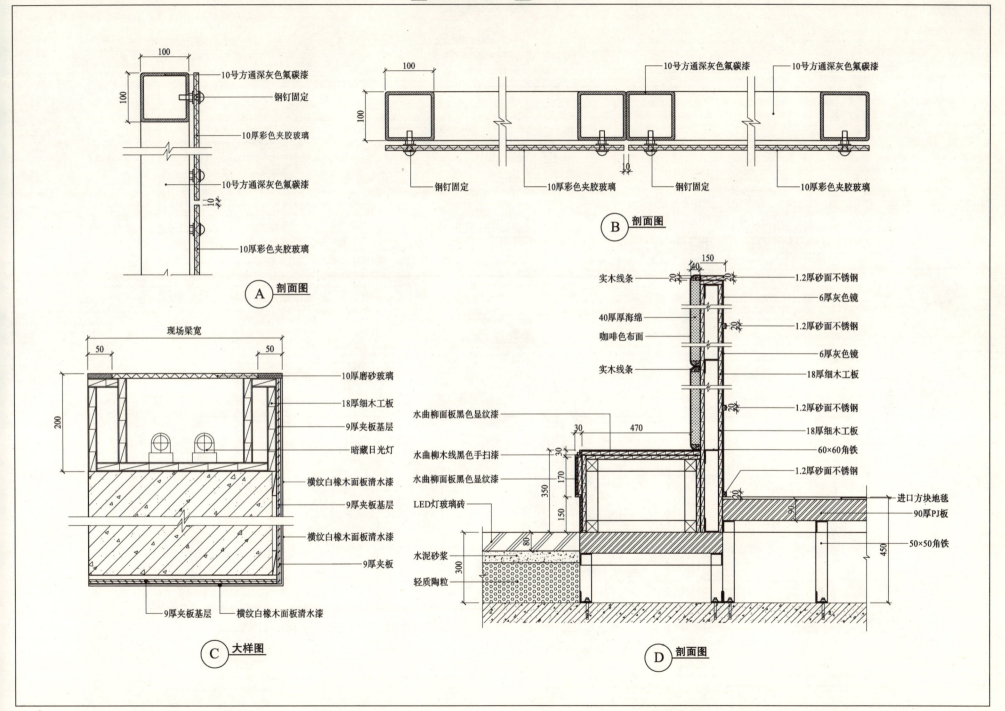

三 休闲娱乐空间 1 咖啡厅

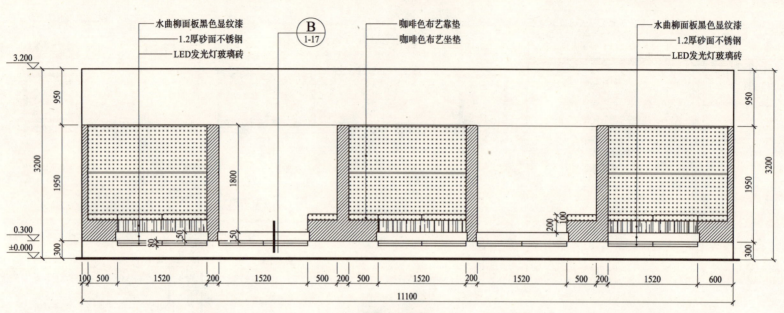

咖啡厅J立面图

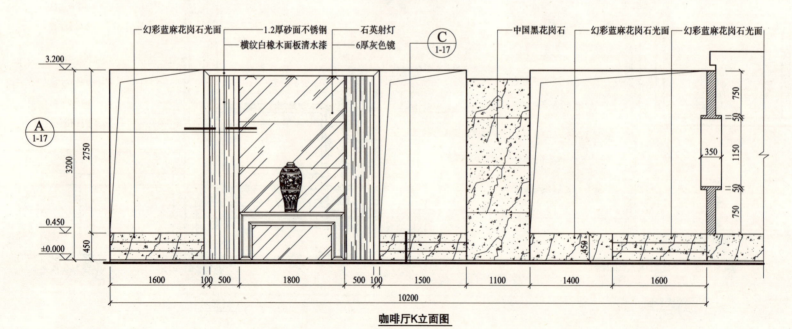

咖啡厅K立面图

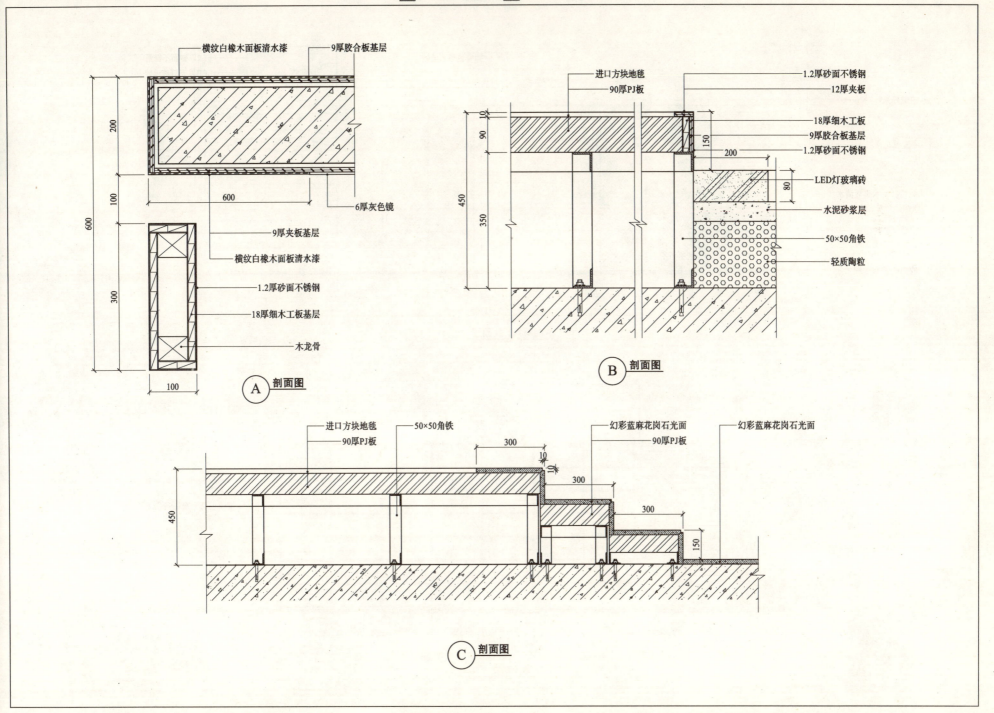

三 休闲娱乐空间 1 咖啡厅

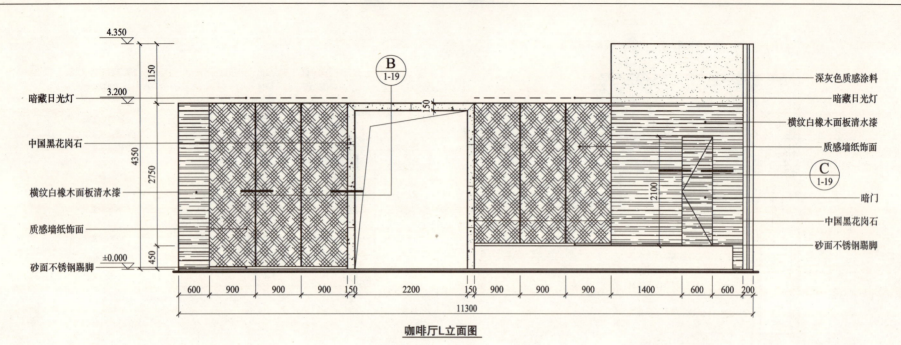

咖啡厅L立面图

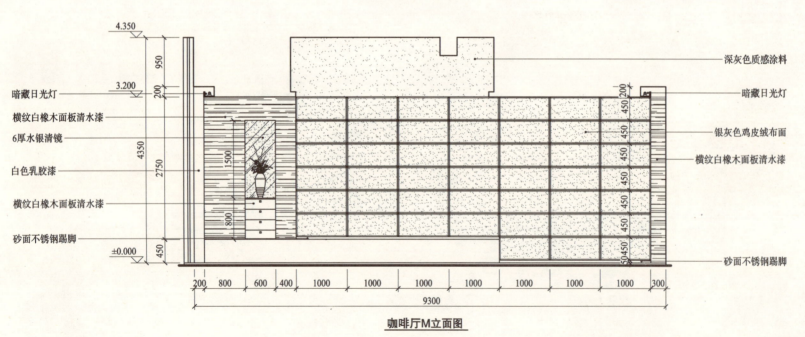

咖啡厅M立面图

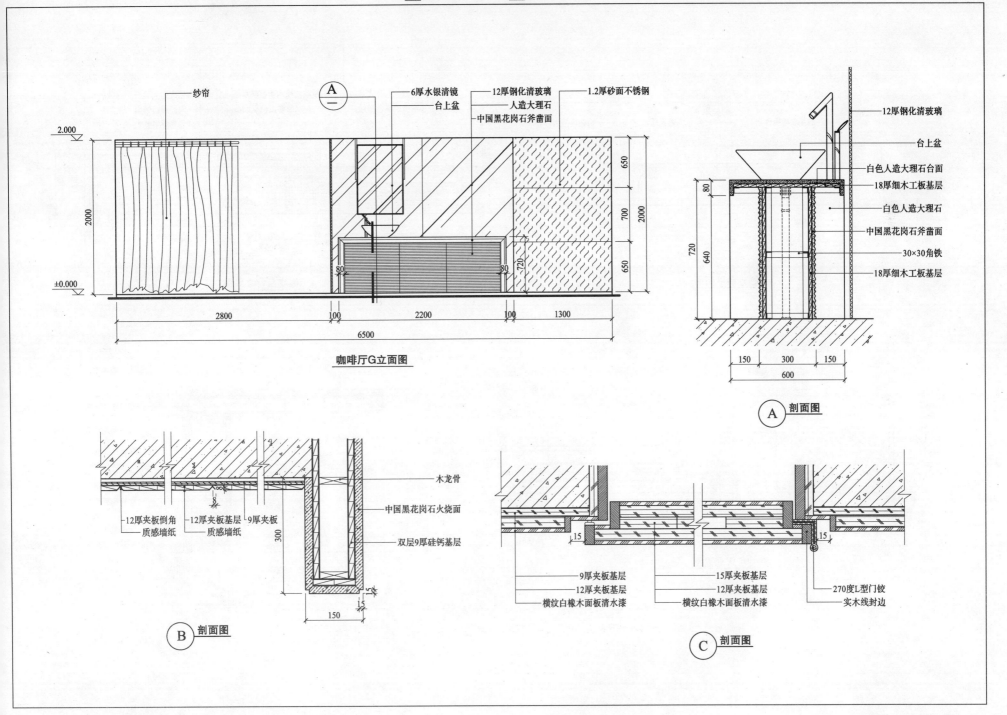

三 休闲娱乐空间 1 咖啡厅

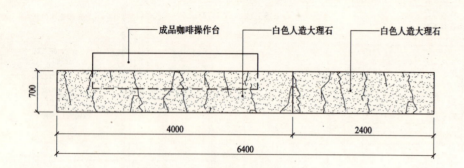

咖啡台平面图

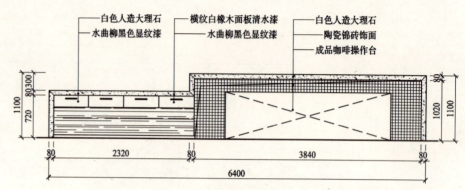

咖啡台背立面图

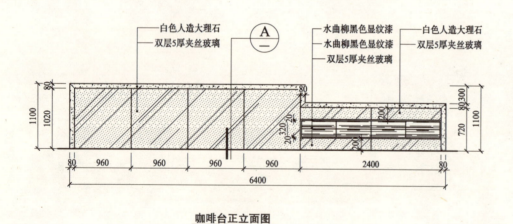

咖啡台正立面图

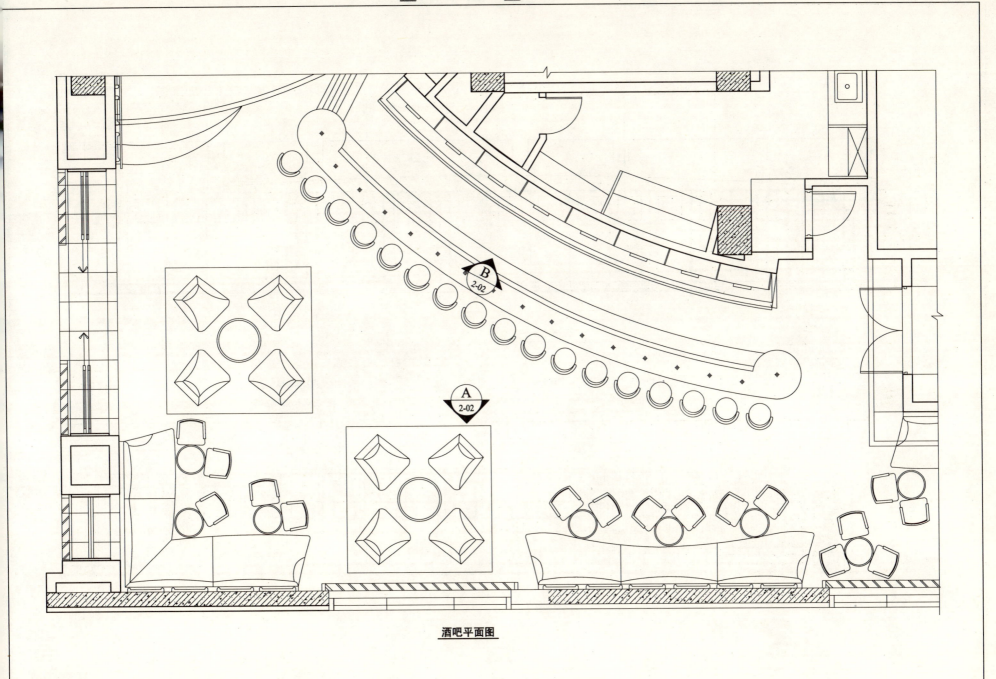

酒吧平面图

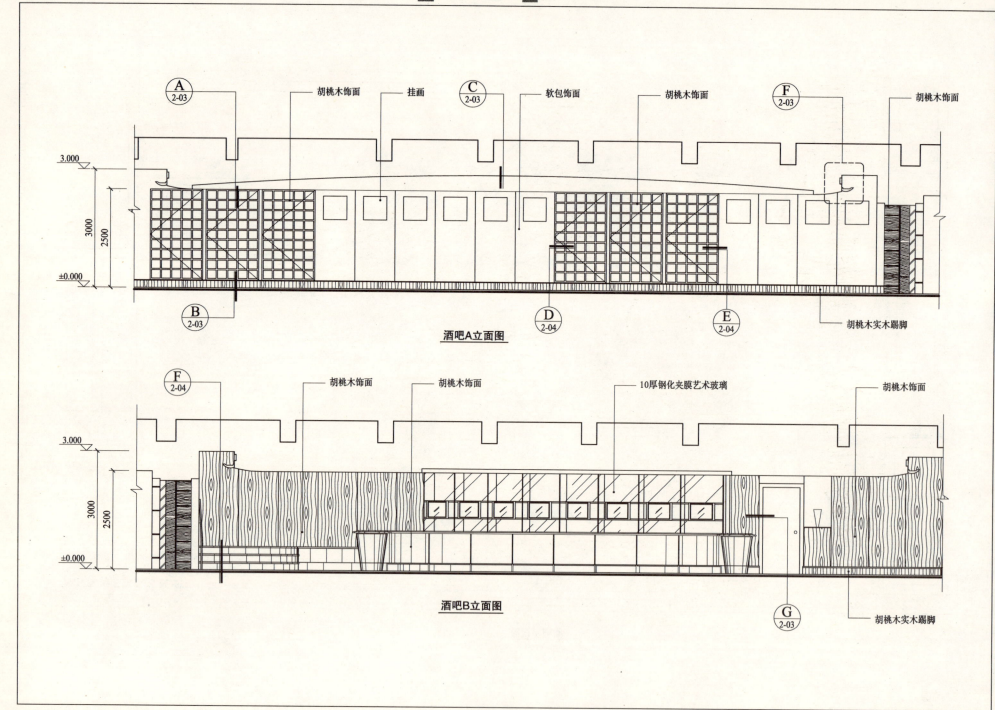

三 休闲娱乐空间 2 酒 吧

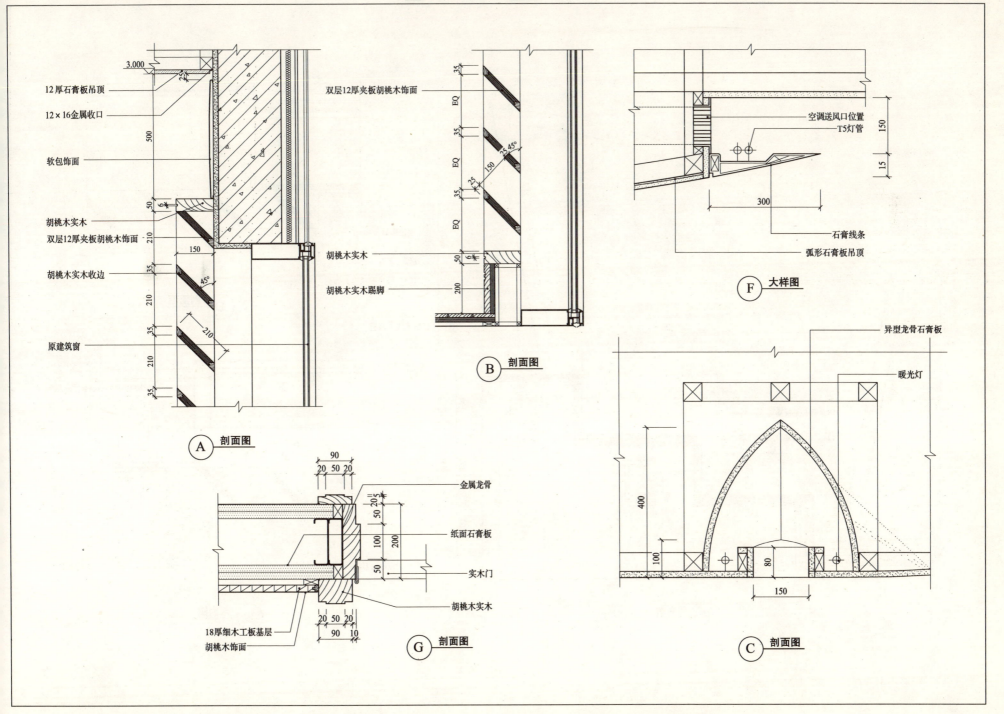

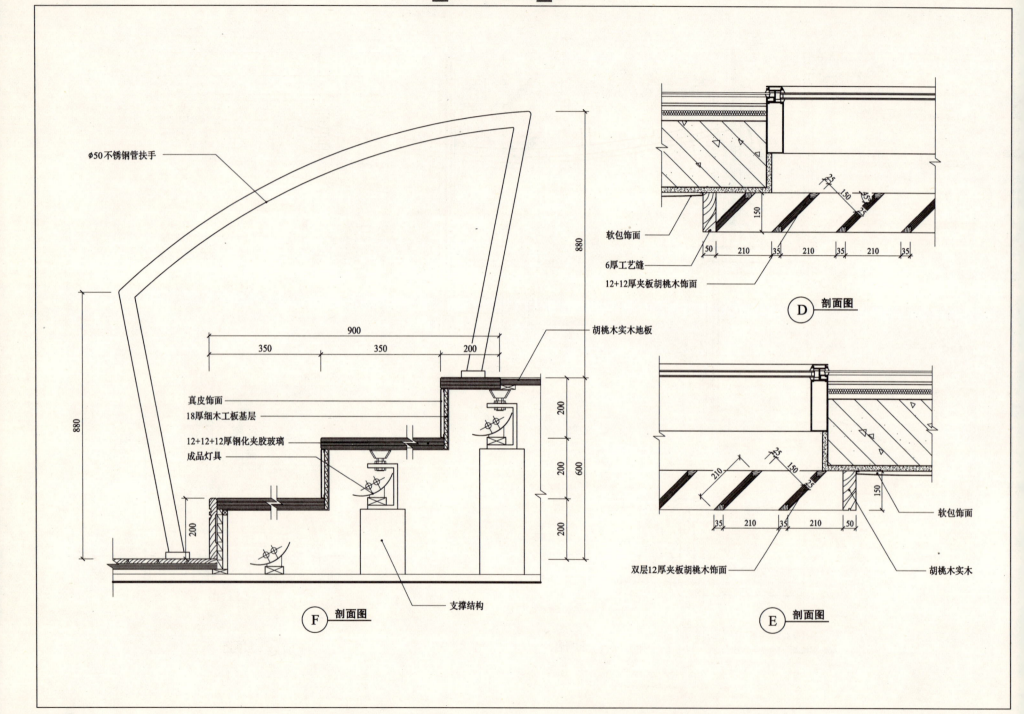

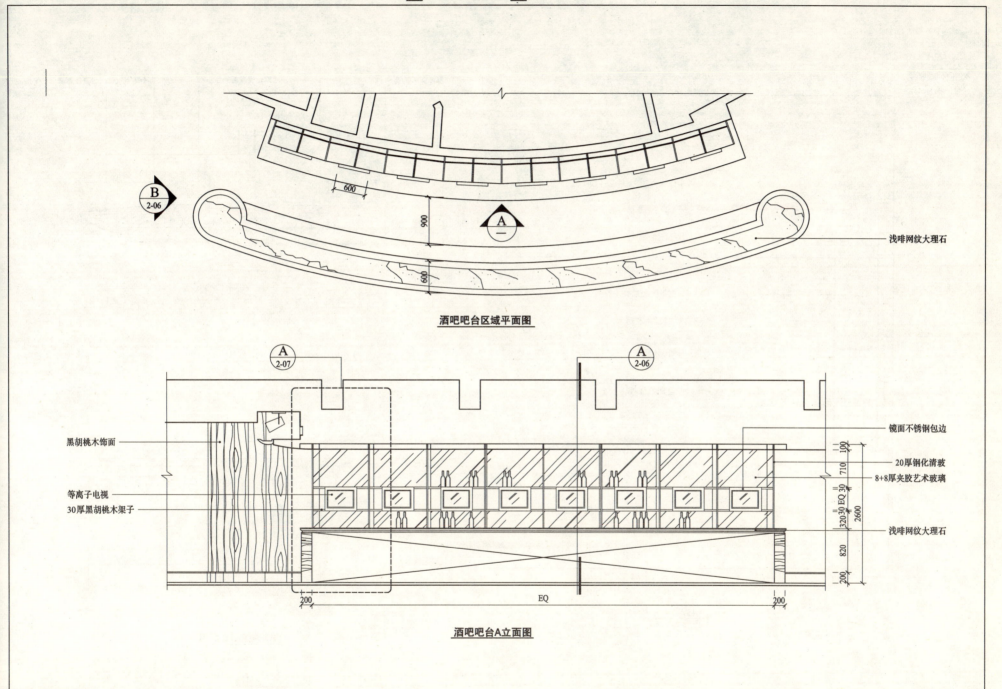

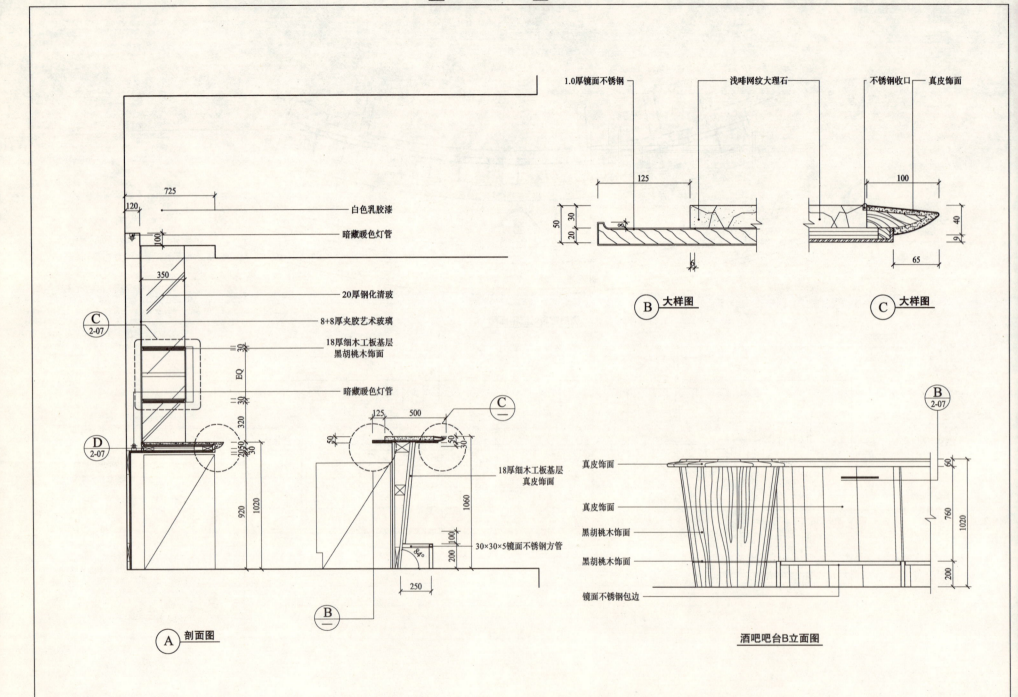

三 休闲娱乐空间 2 酒 吧

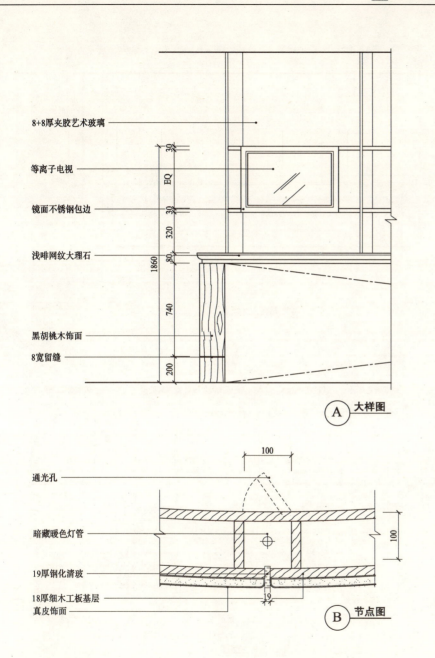
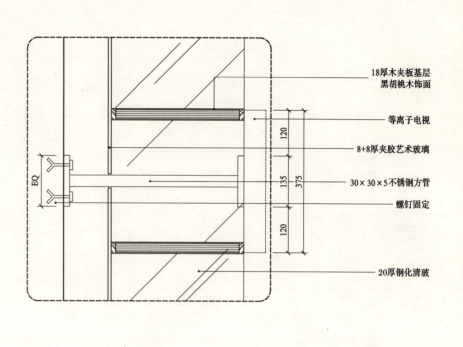
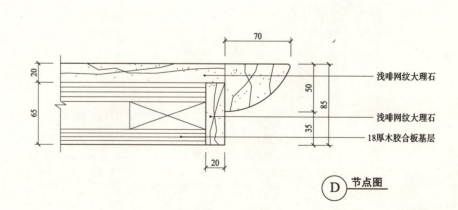

31

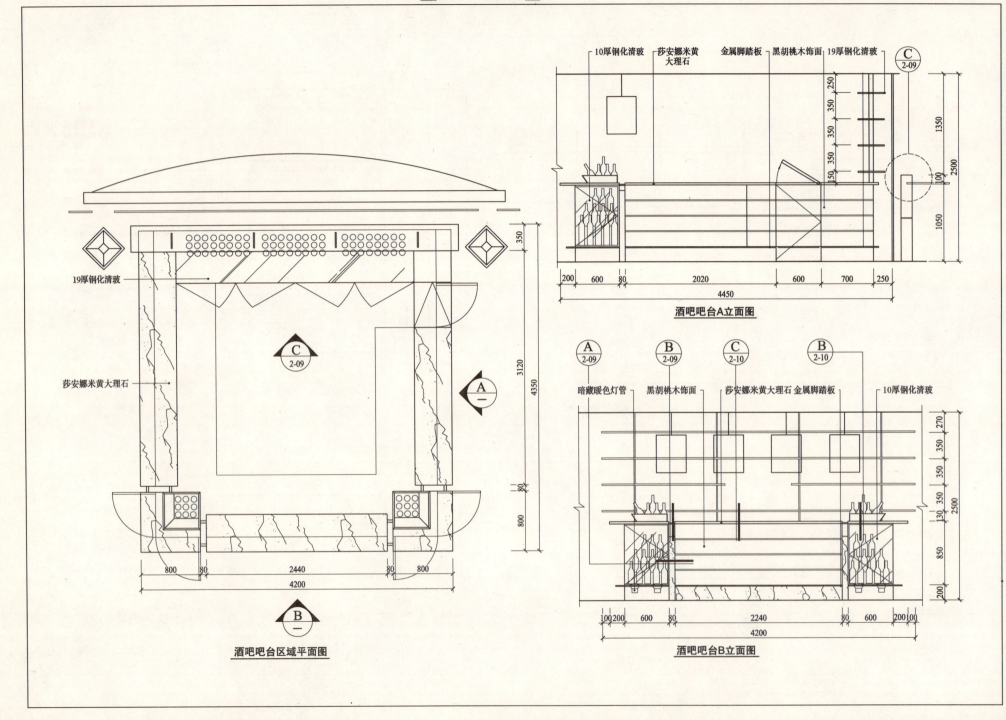

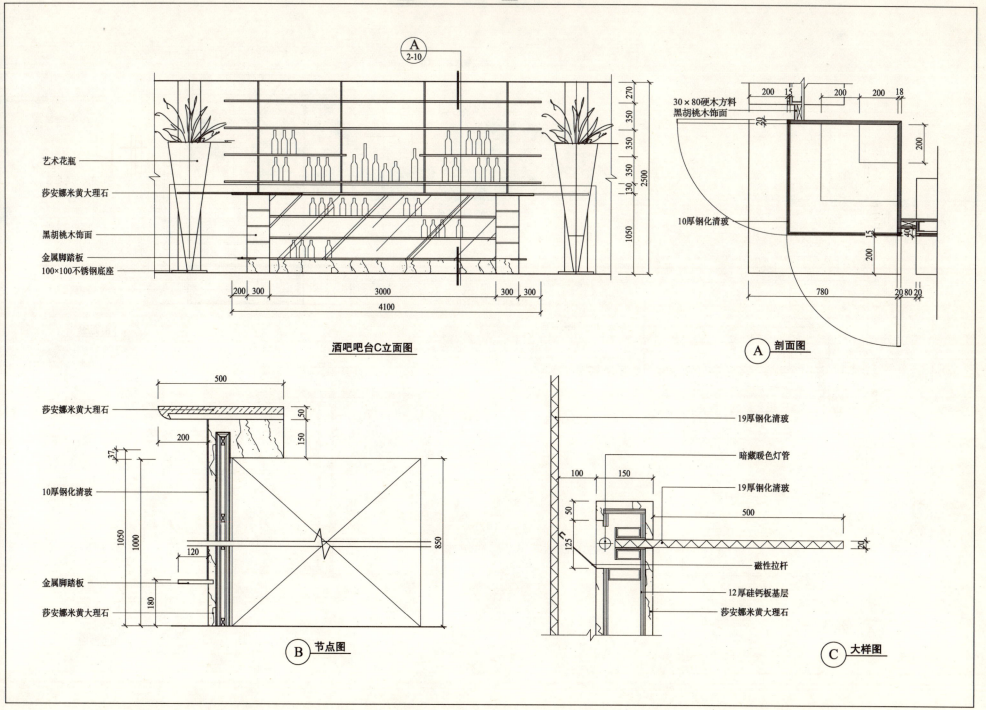

三 休闲娱乐空间 2 酒 吧

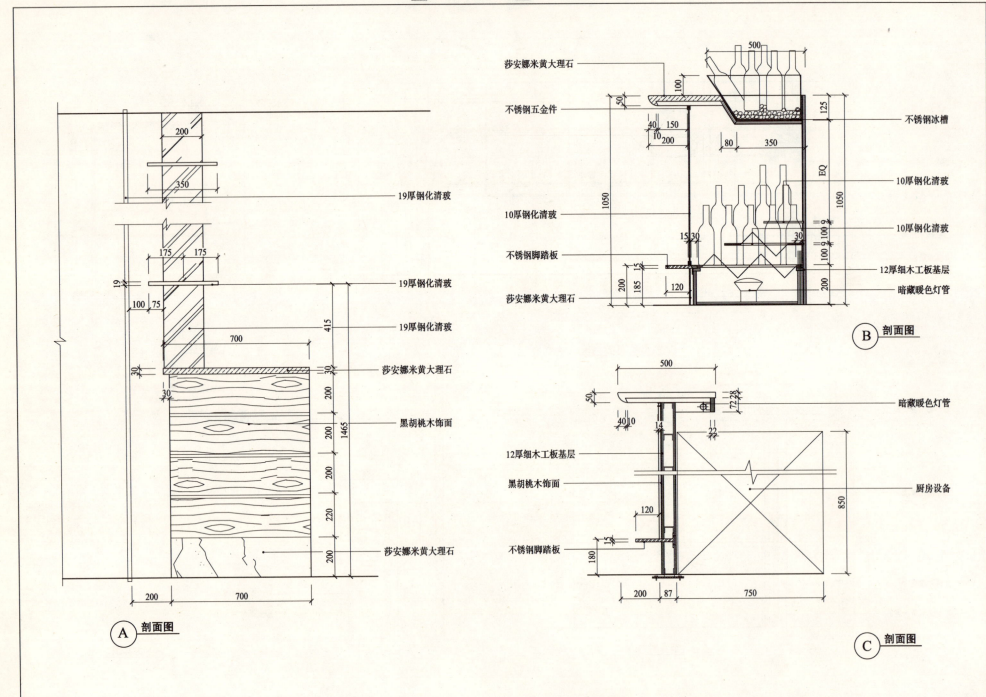

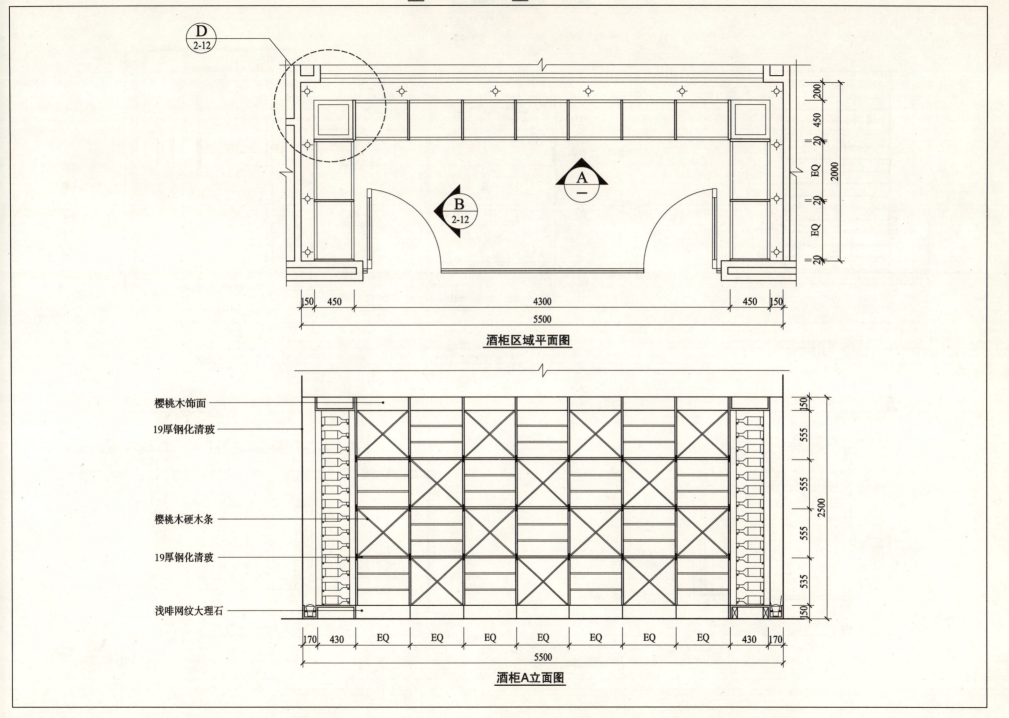

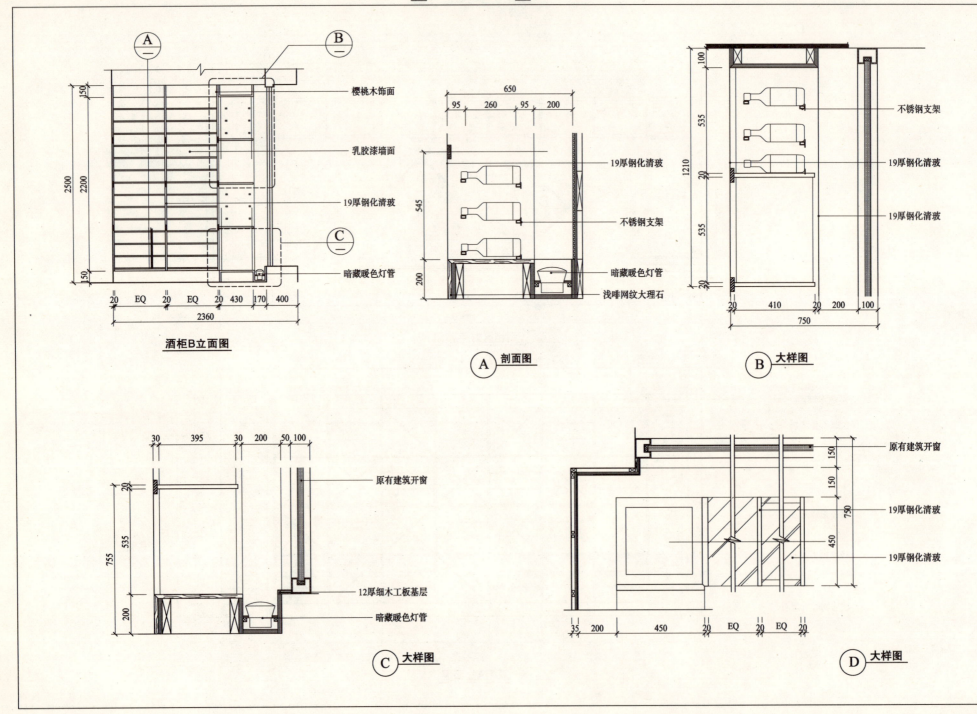

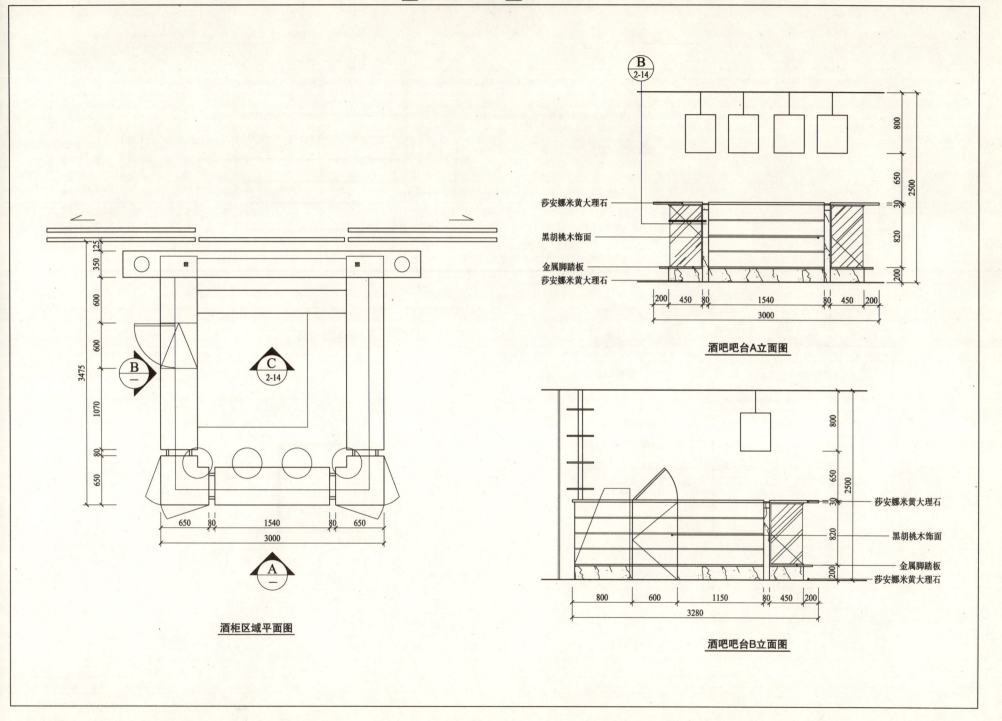

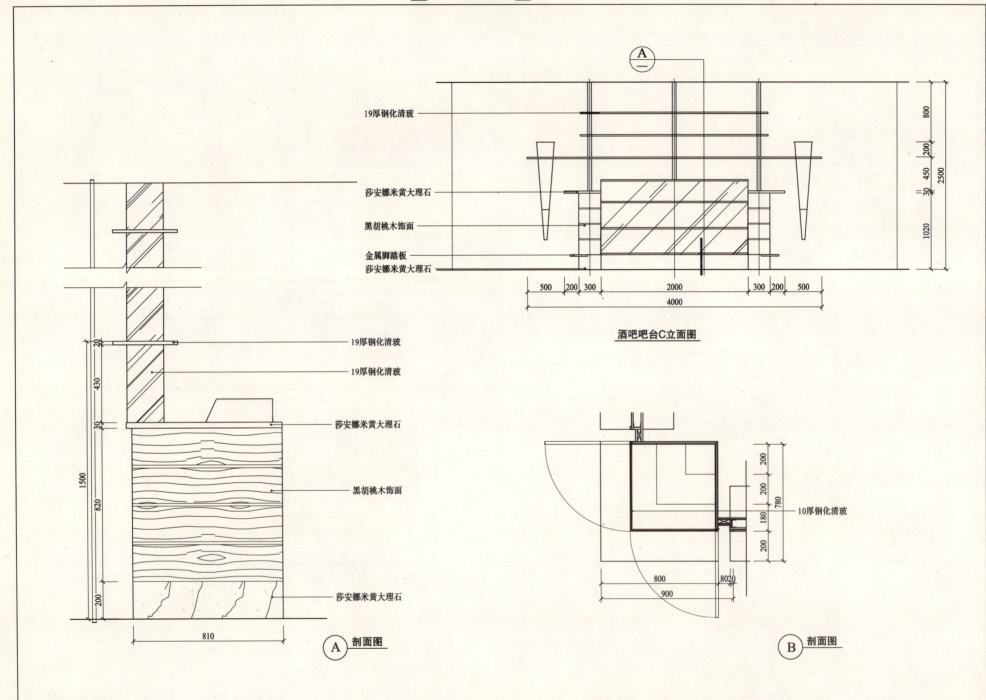

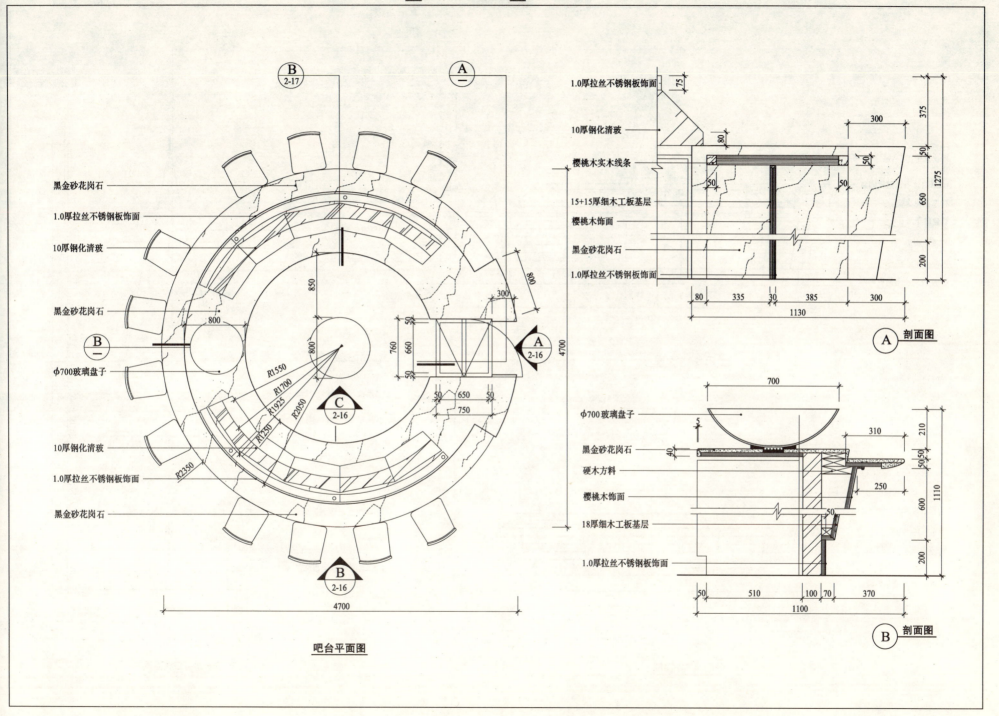

三 休闲娱乐空间 2 酒 吧

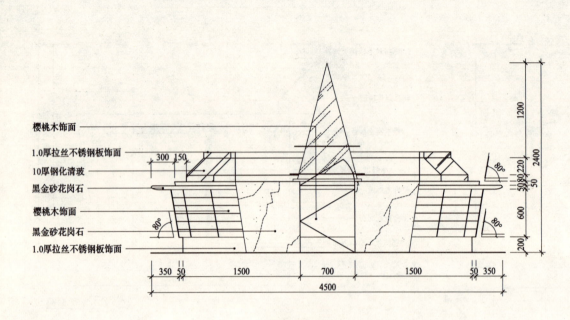

吧台A立面图

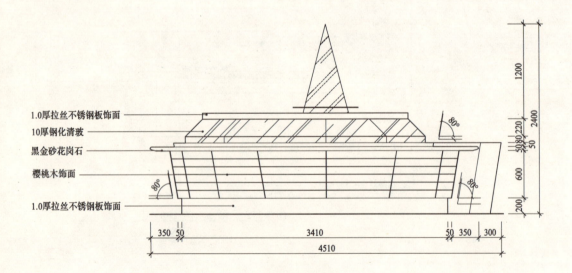

吧台B立面图

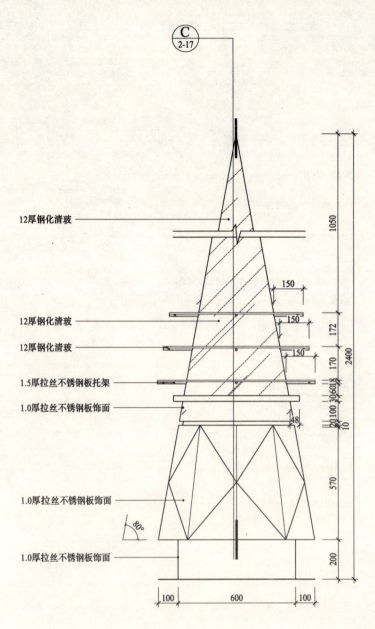

寿司架C立面图

三 休闲娱乐空间 2 酒 吧

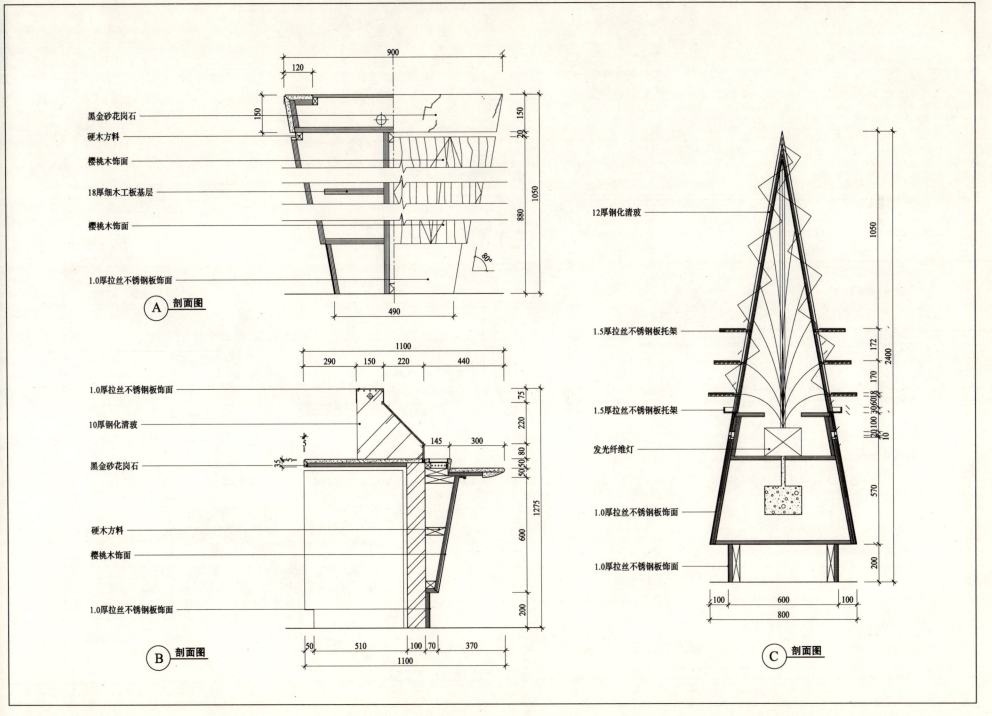

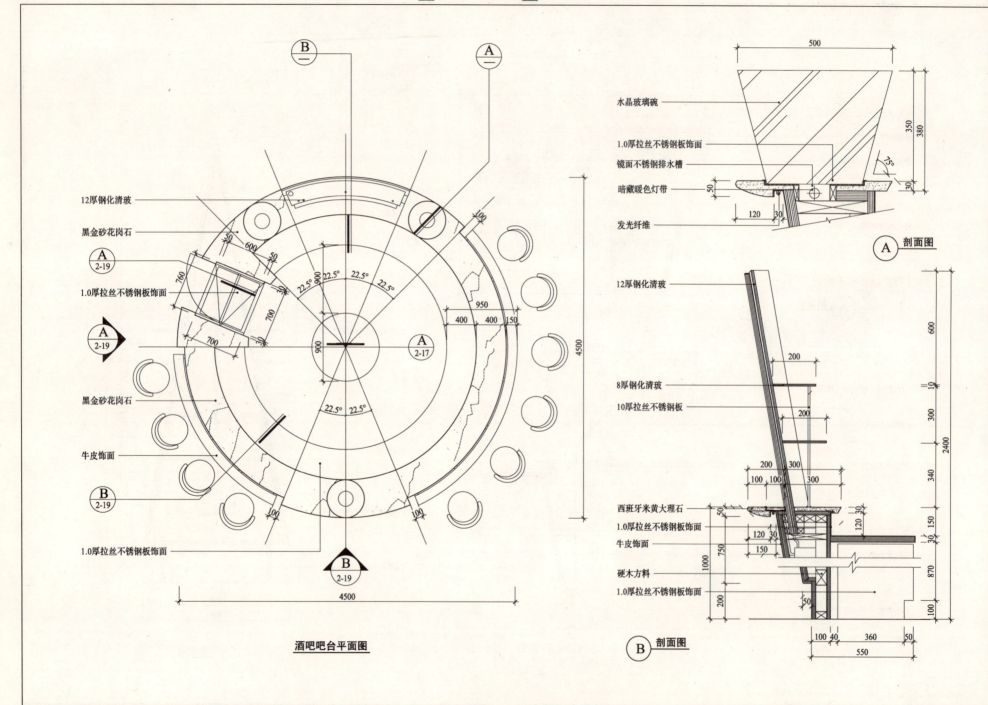

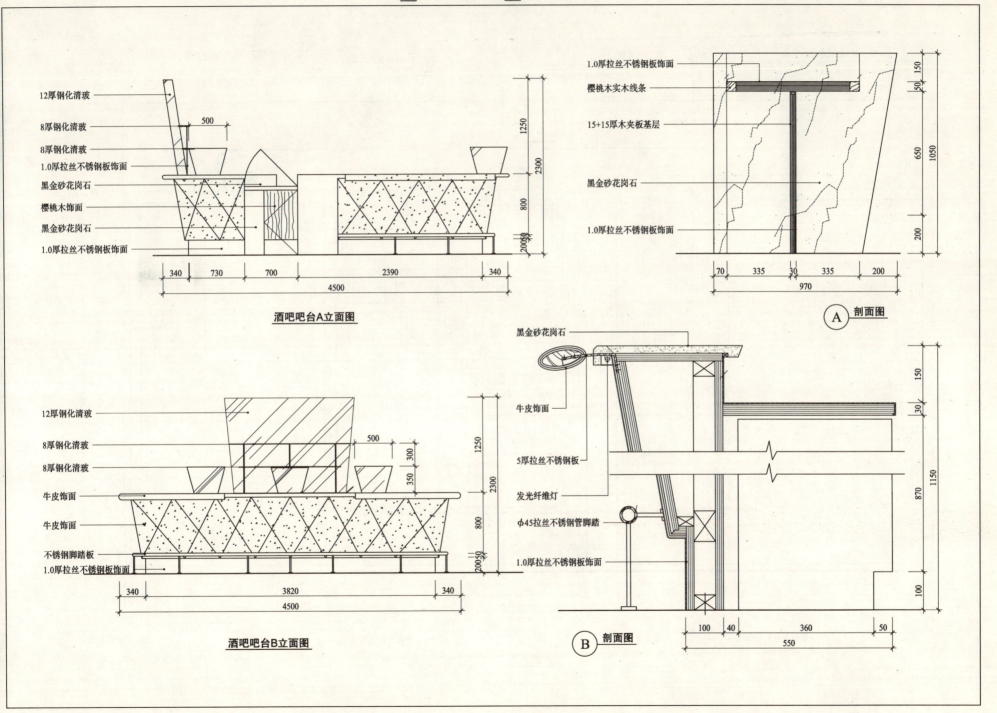

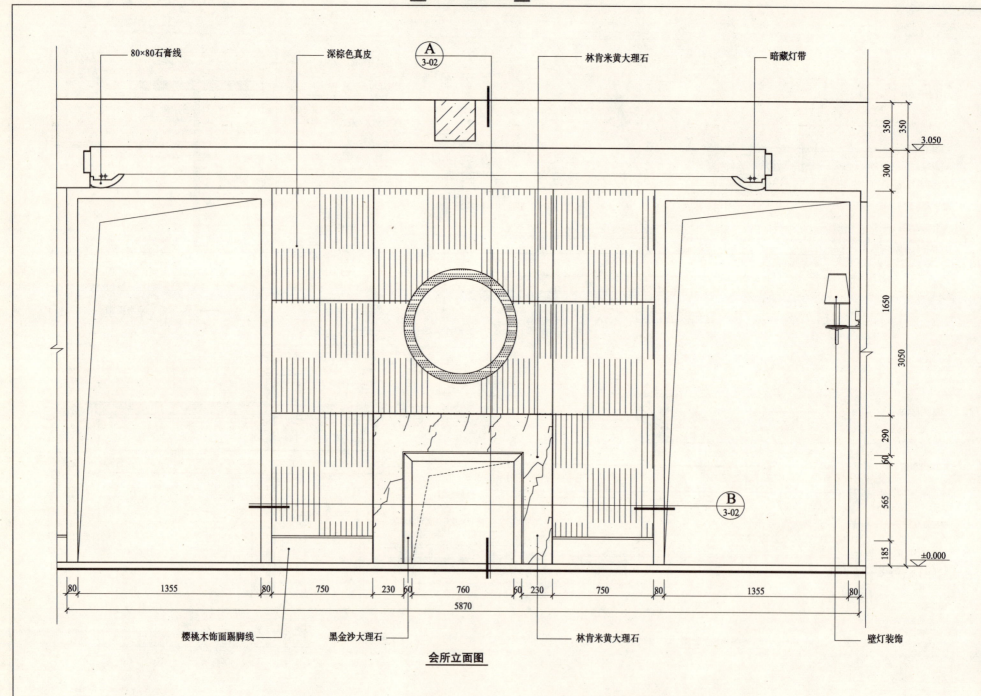

会所立面图

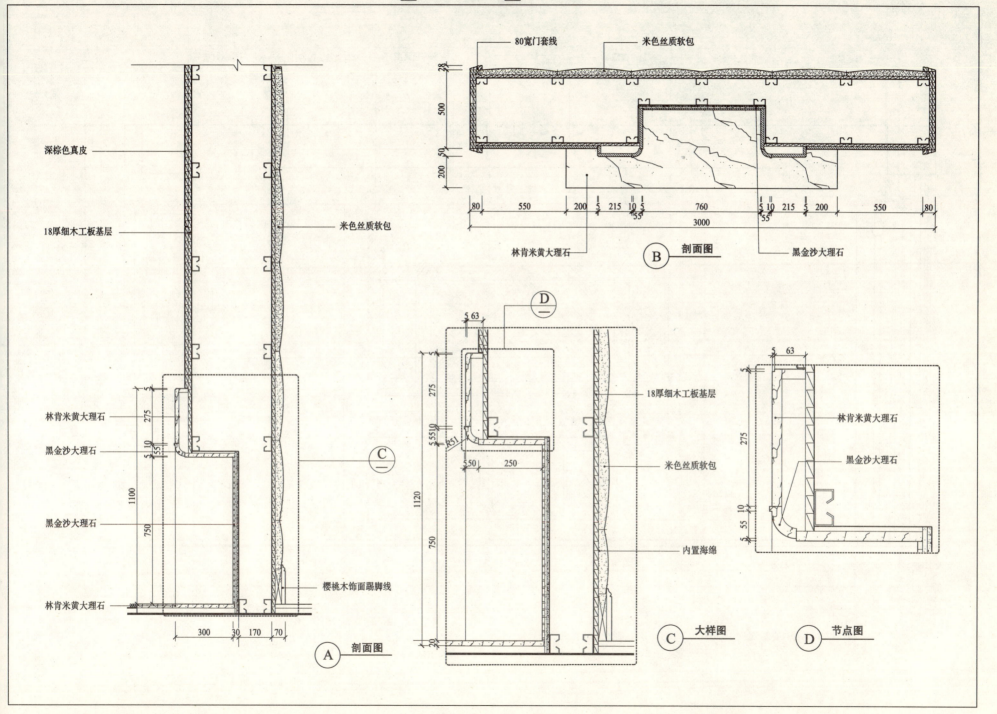

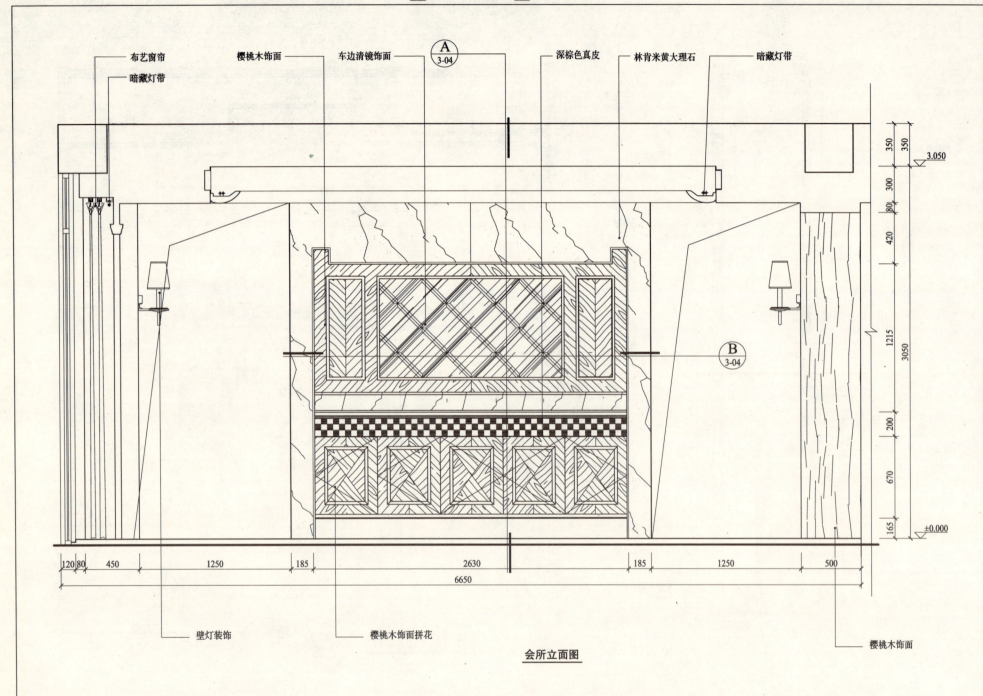

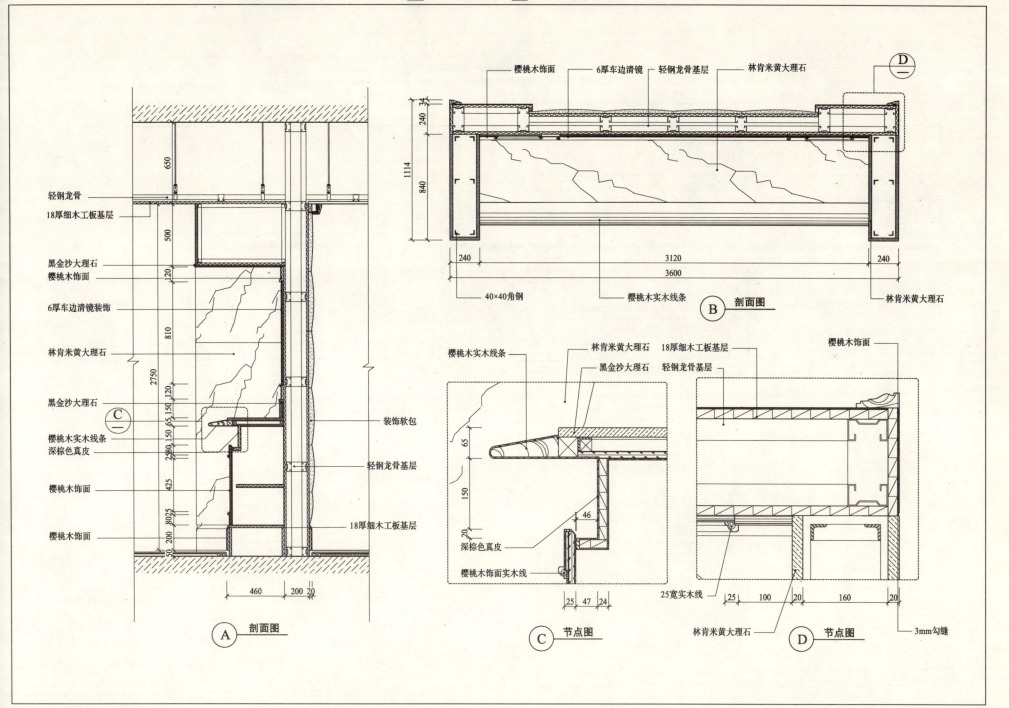

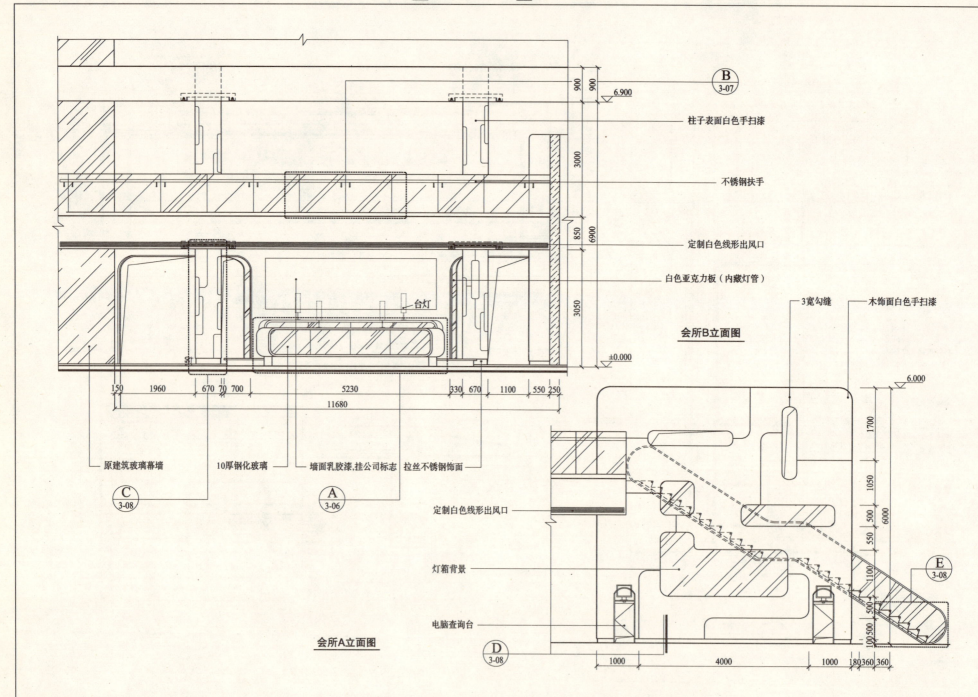

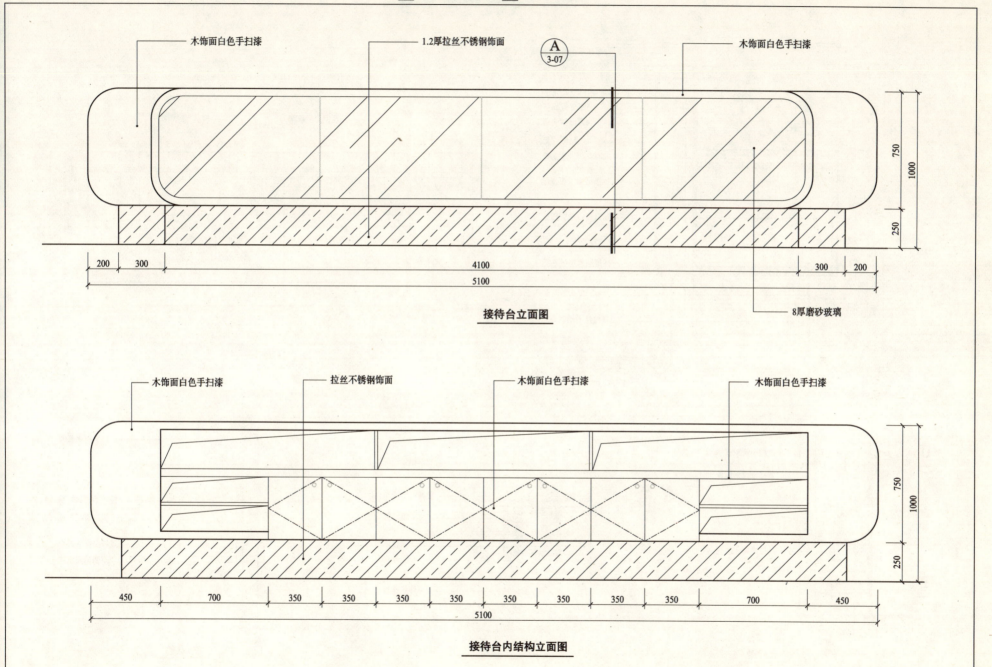

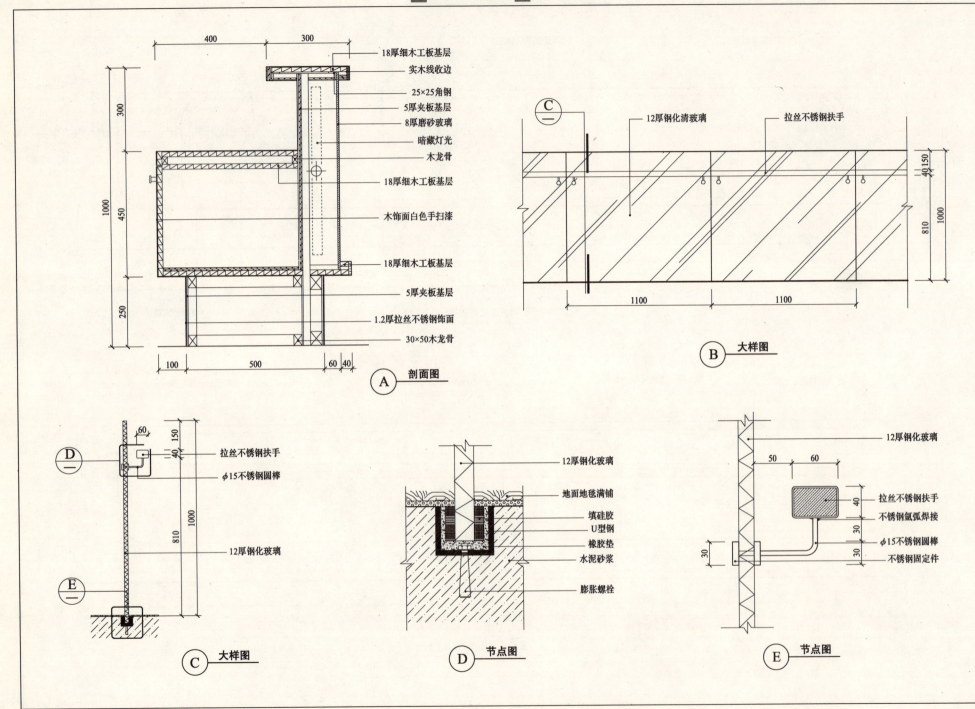

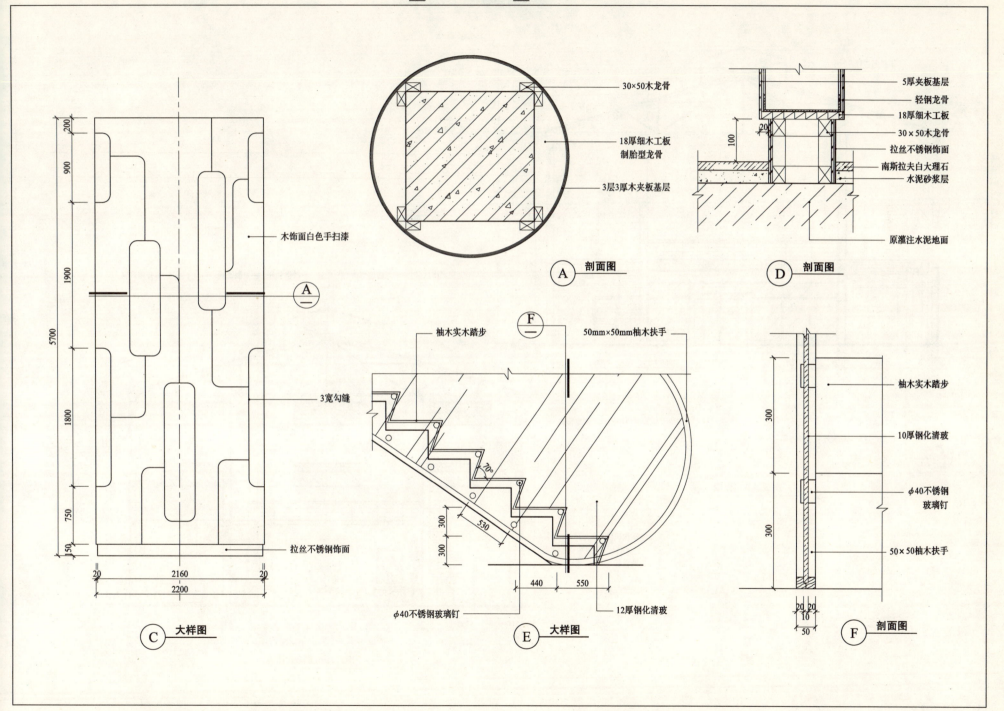

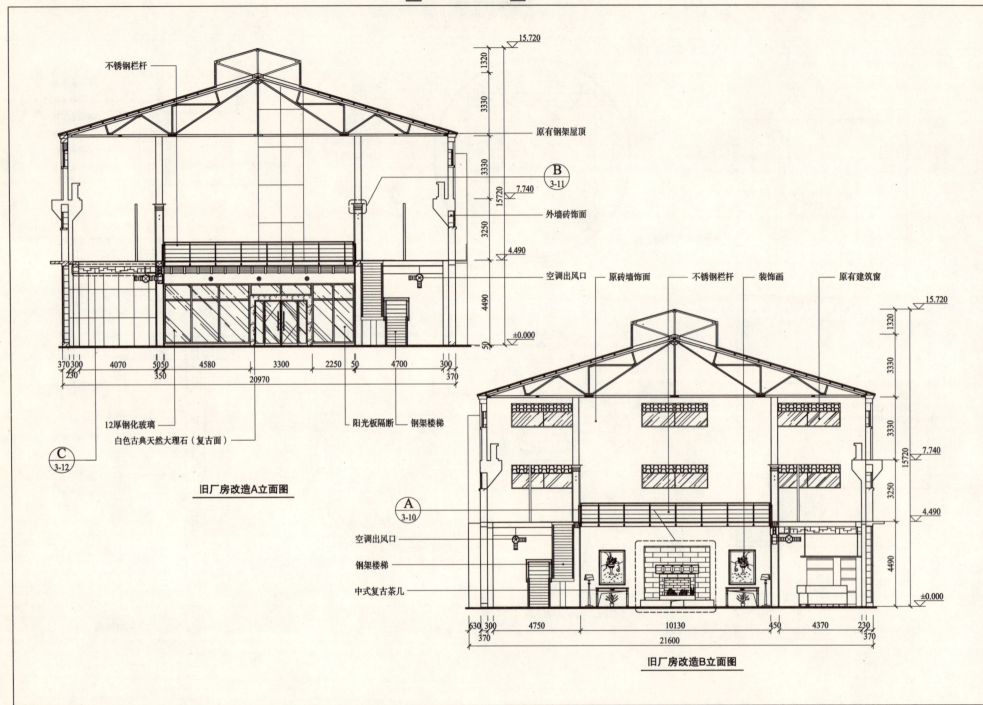

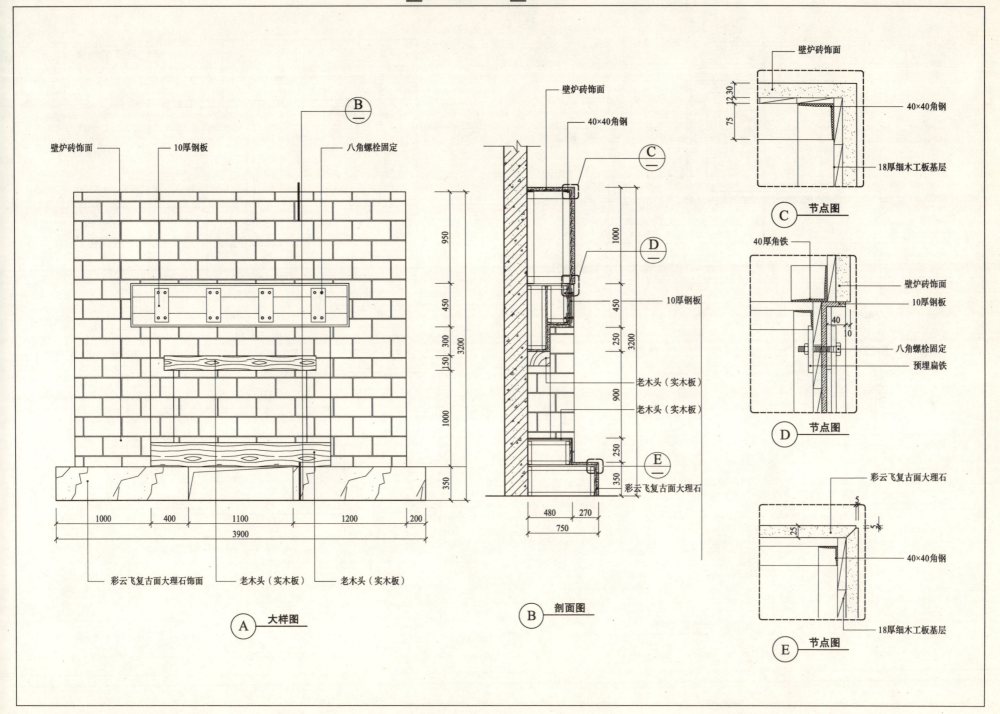

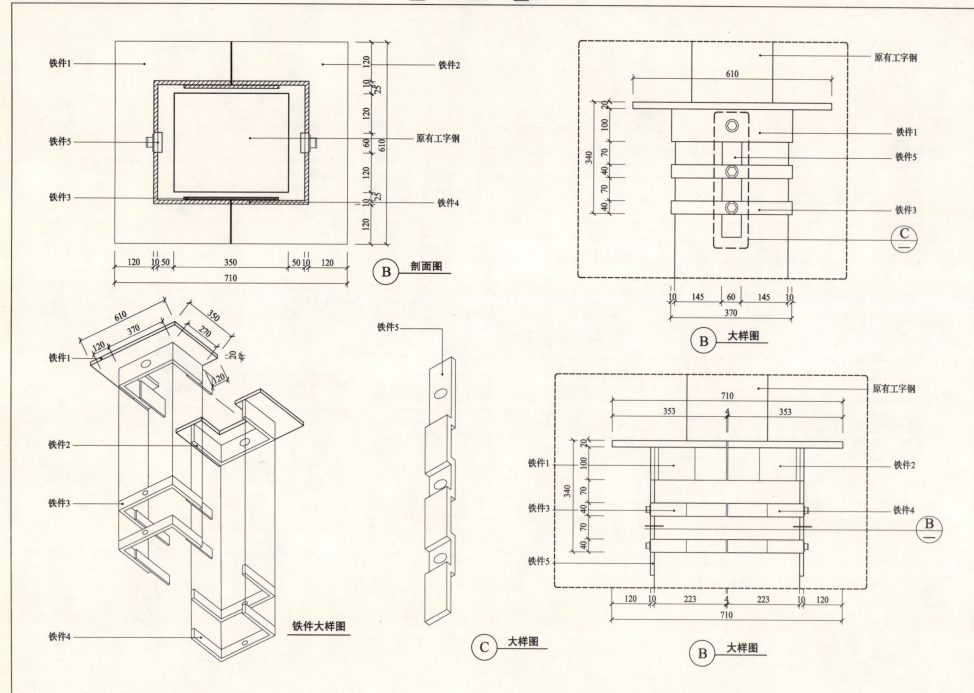

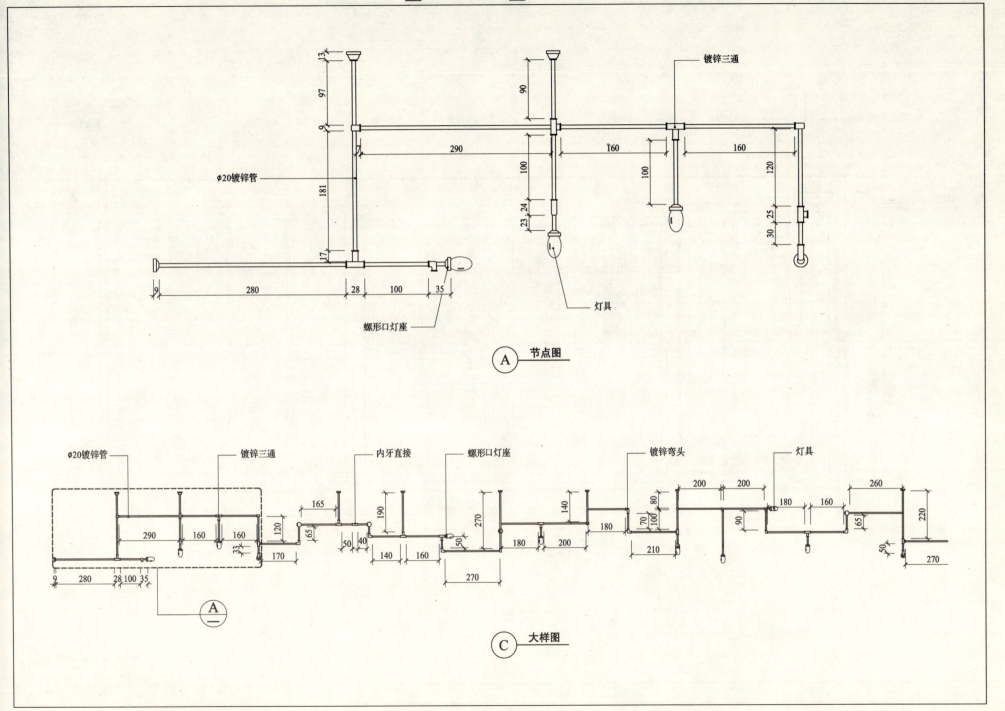

三 休闲娱乐空间 3 会 所

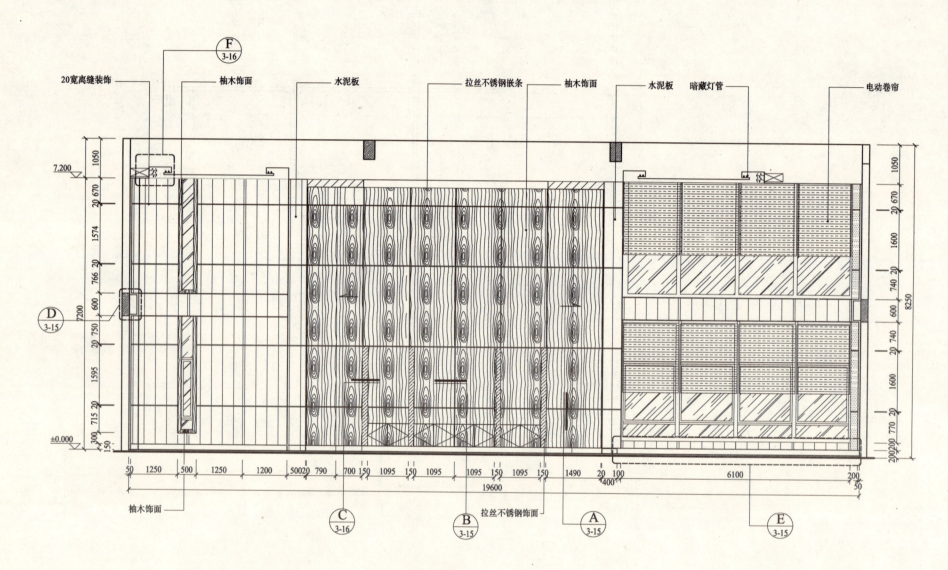

会所A立面图

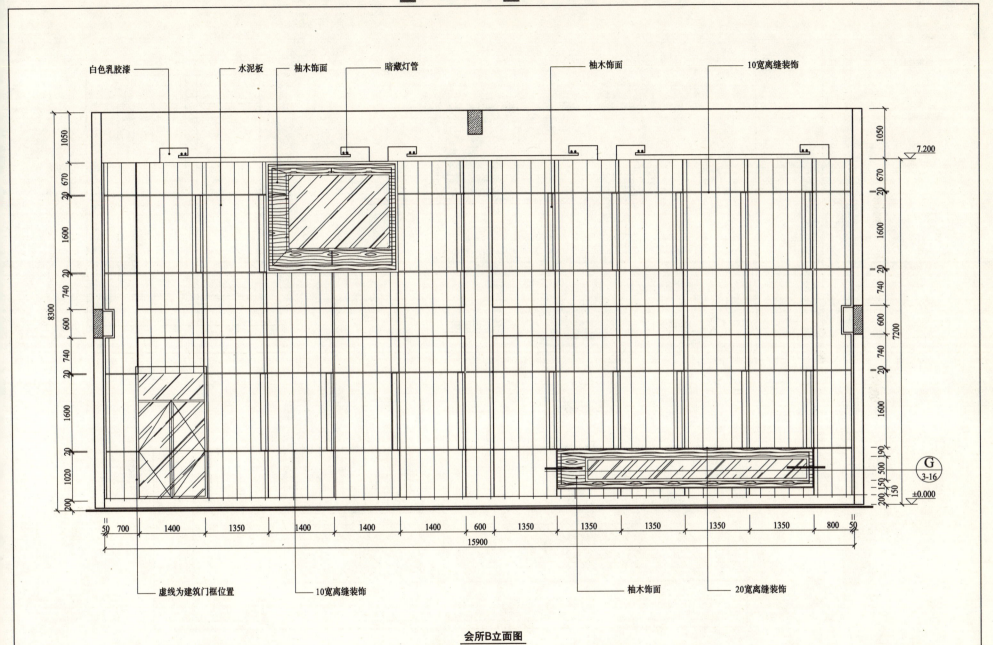

会所B立面图

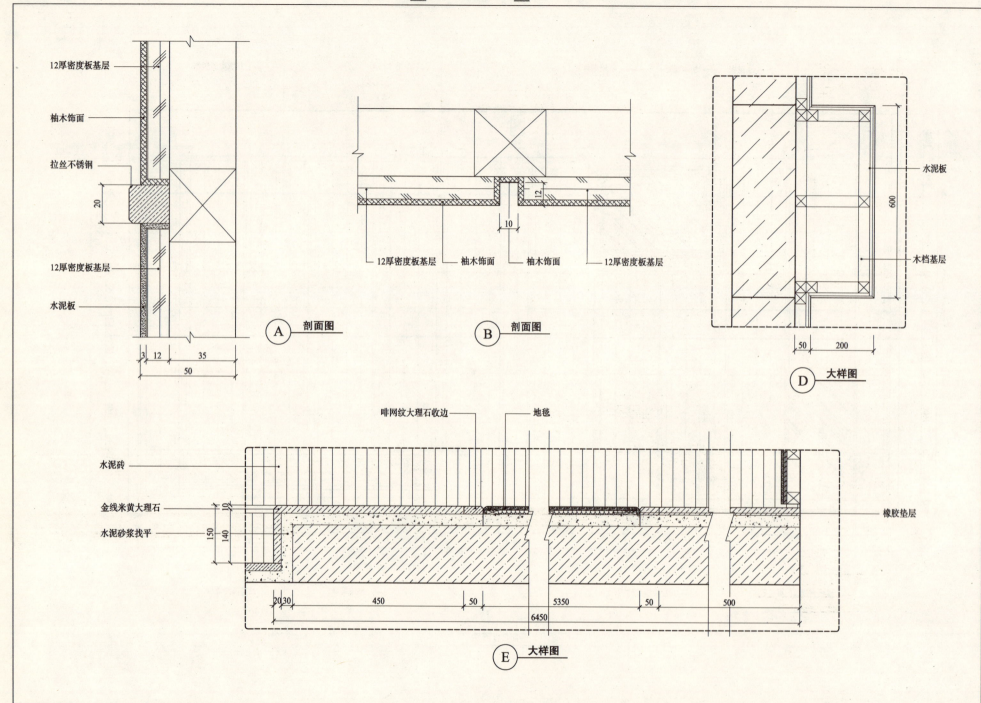

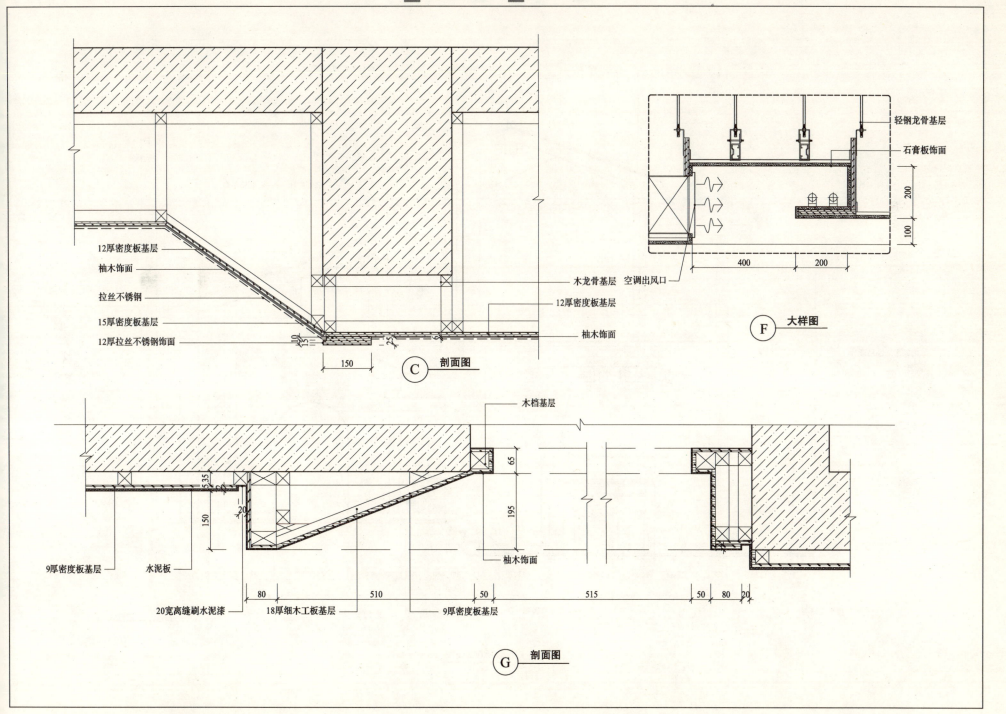

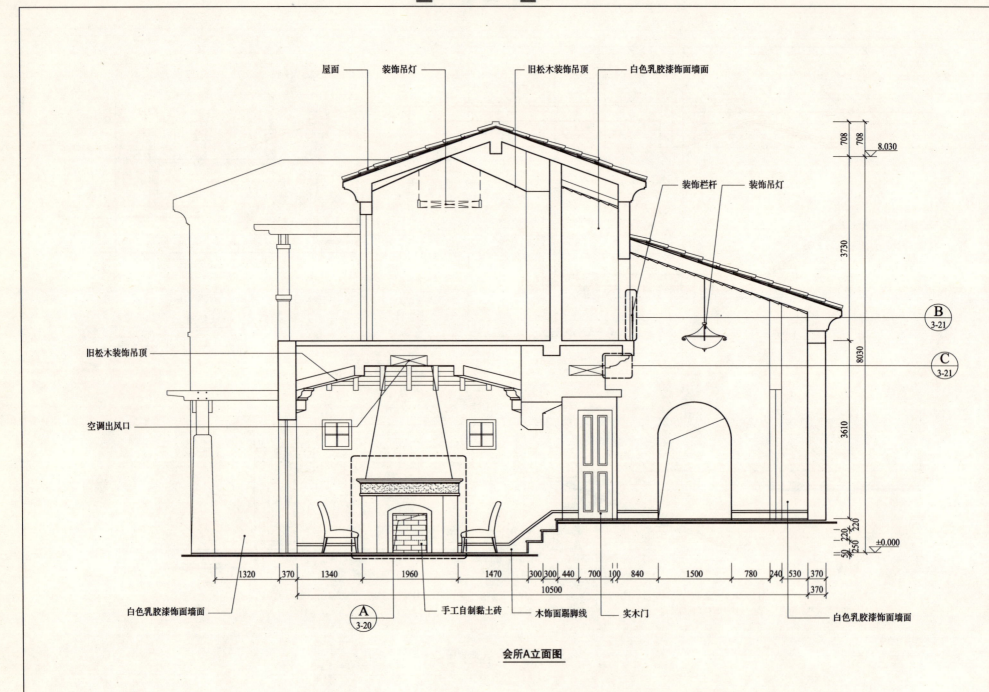

会所A立面图

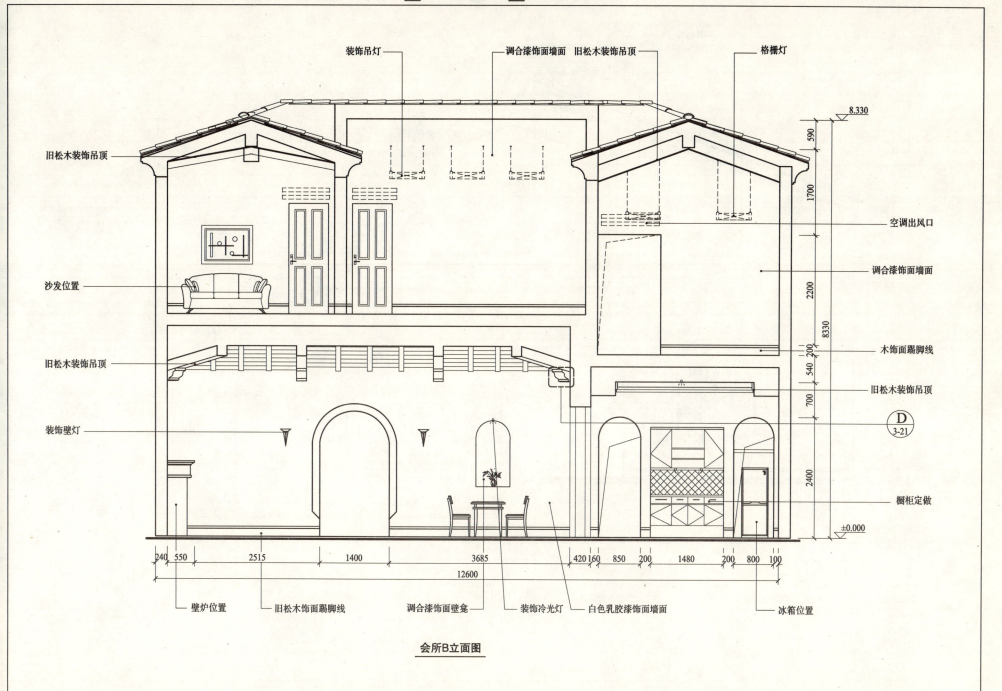

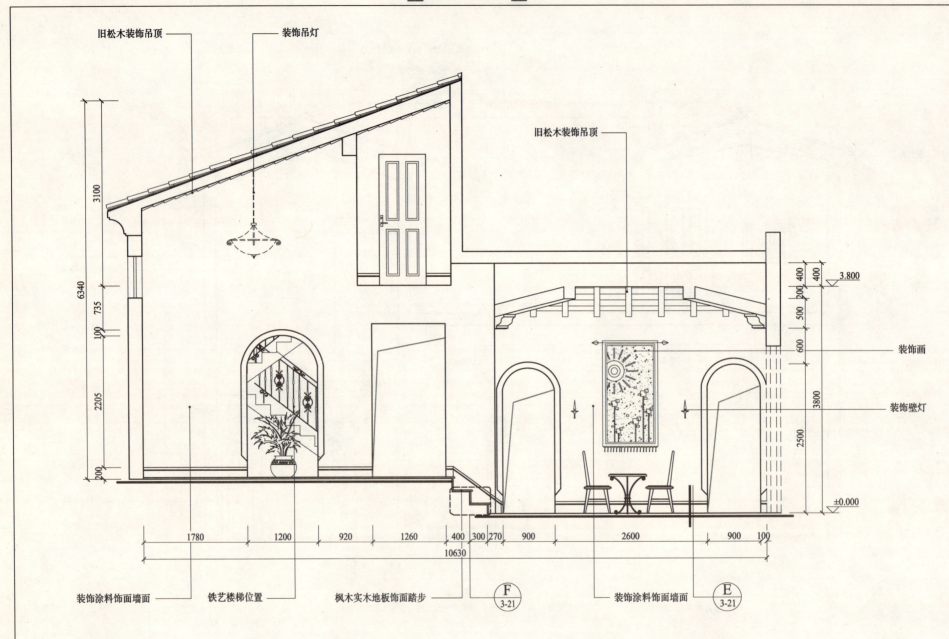

会所C立面图

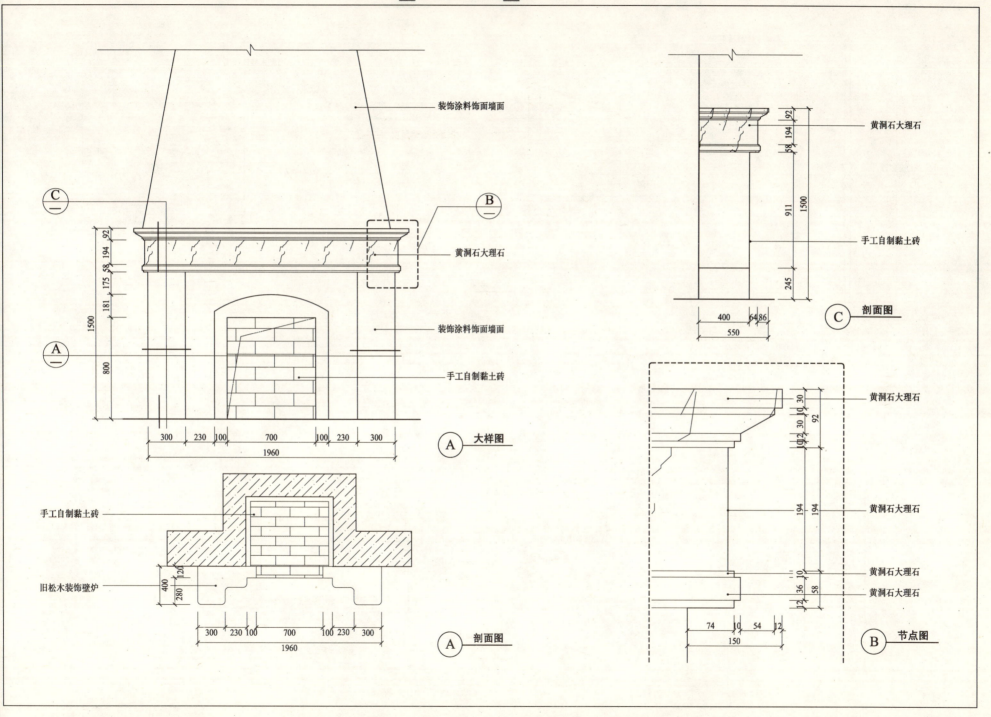

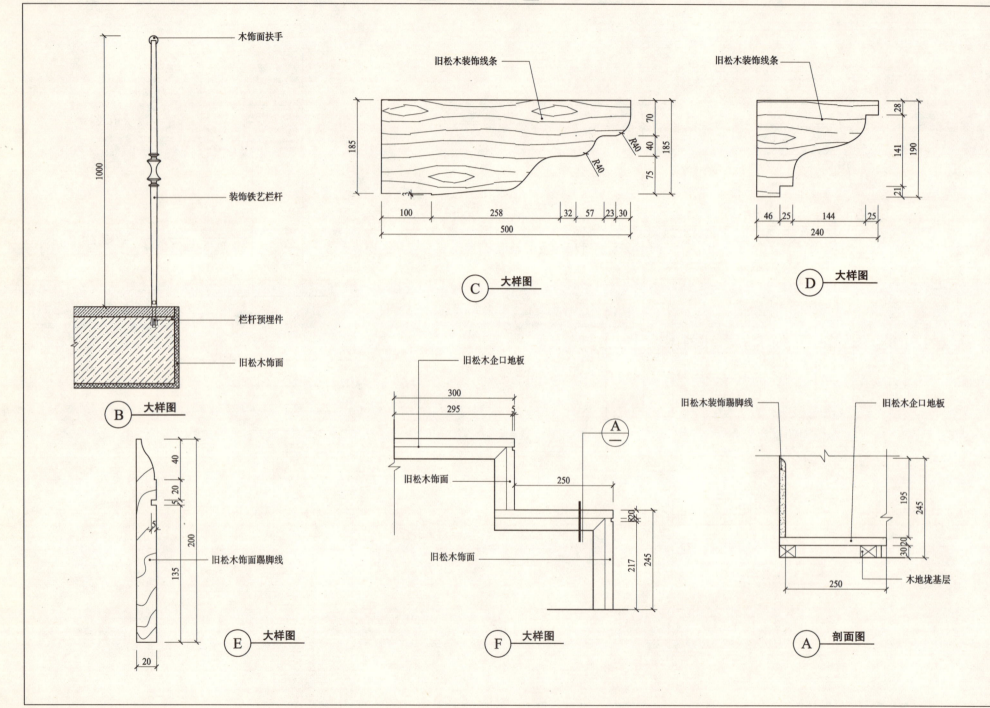

三 休闲娱乐空间 3 会 所

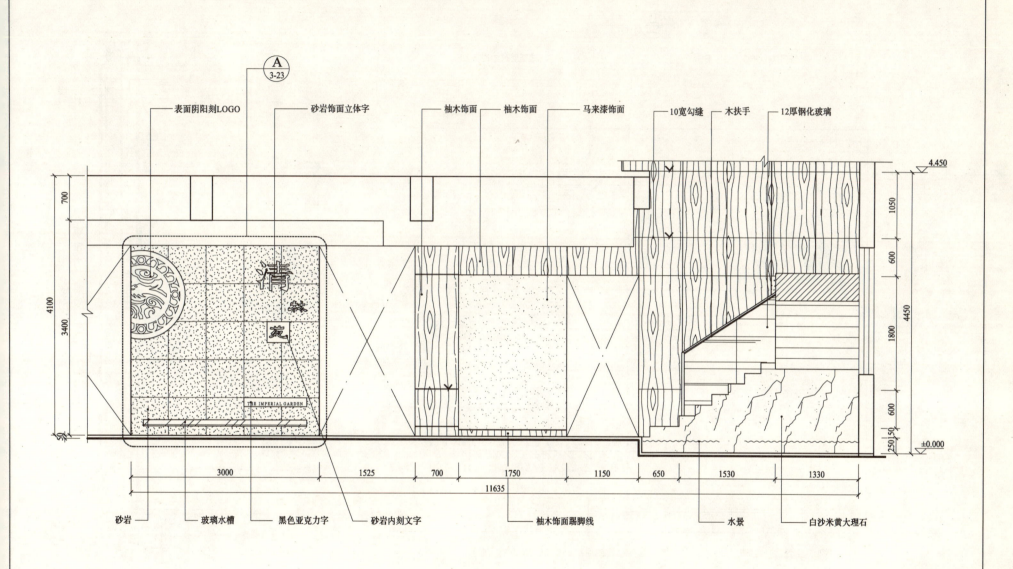

会所10立面图

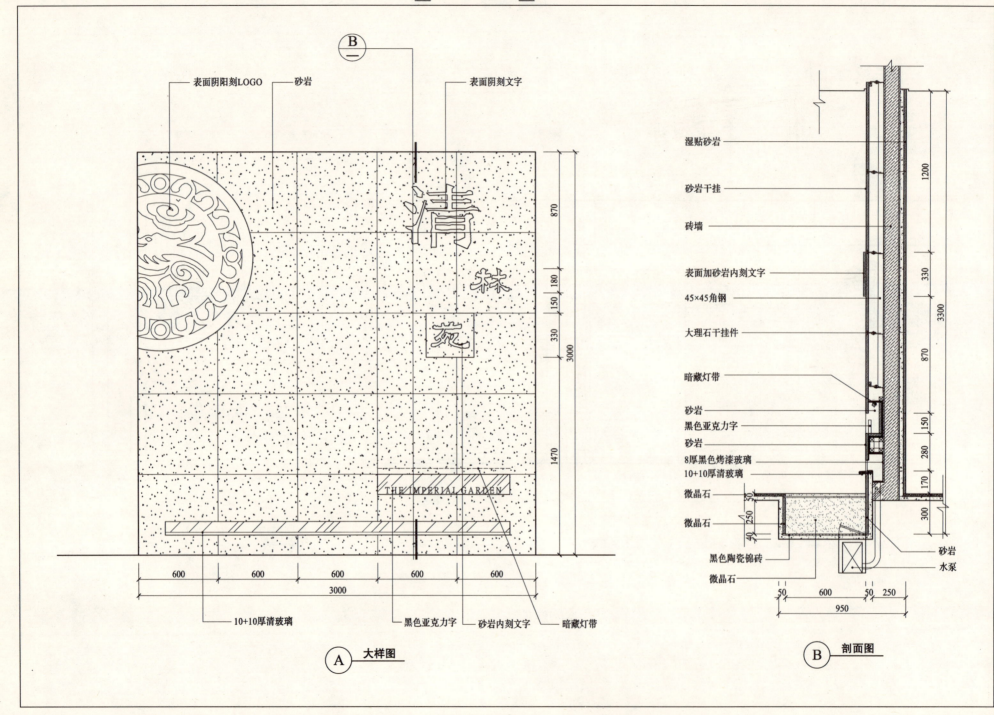

三 休闲娱乐空间 4 服务区（一）

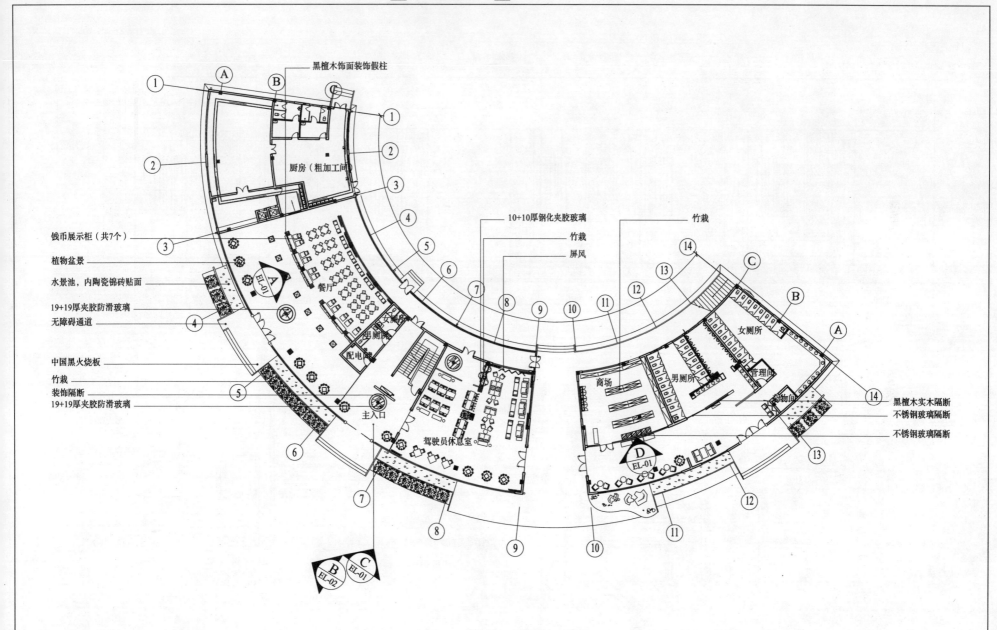

服务区(一)平面图

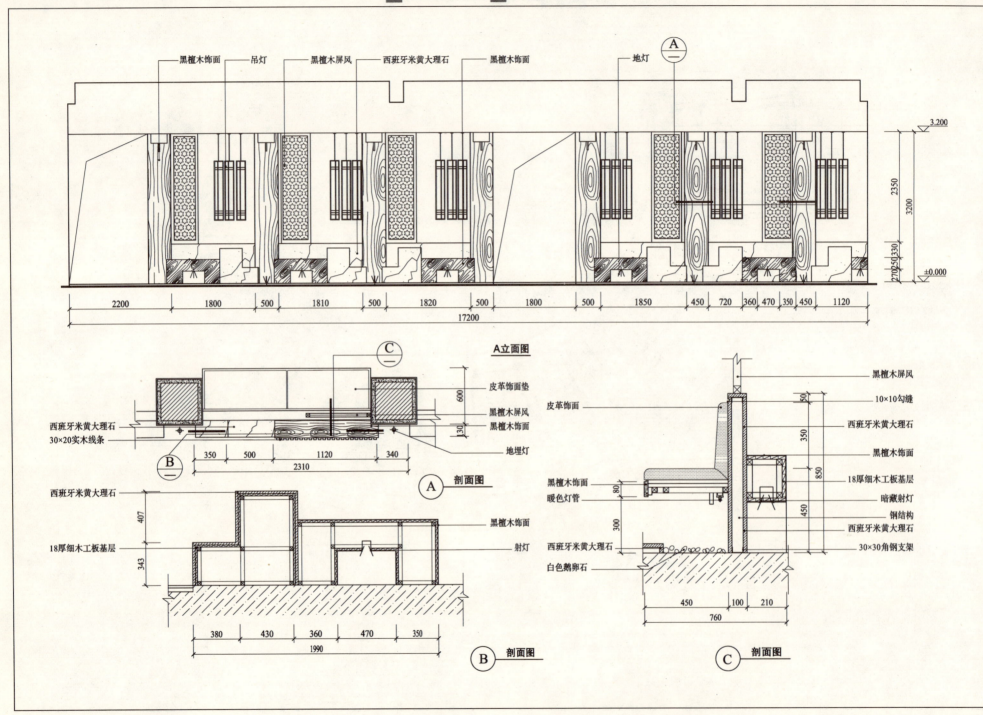

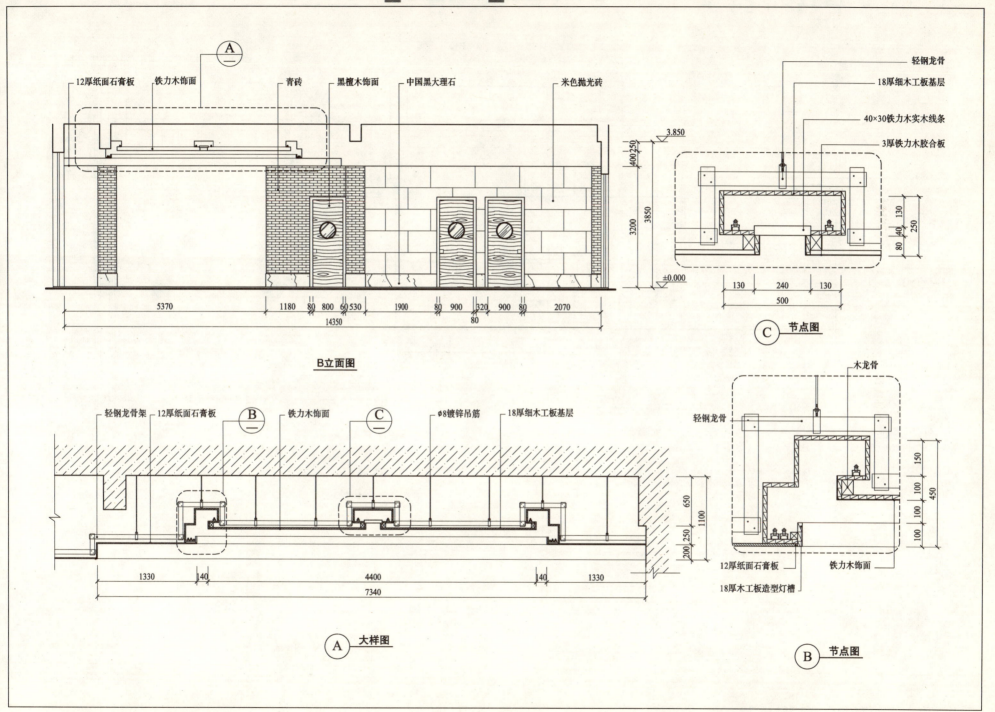

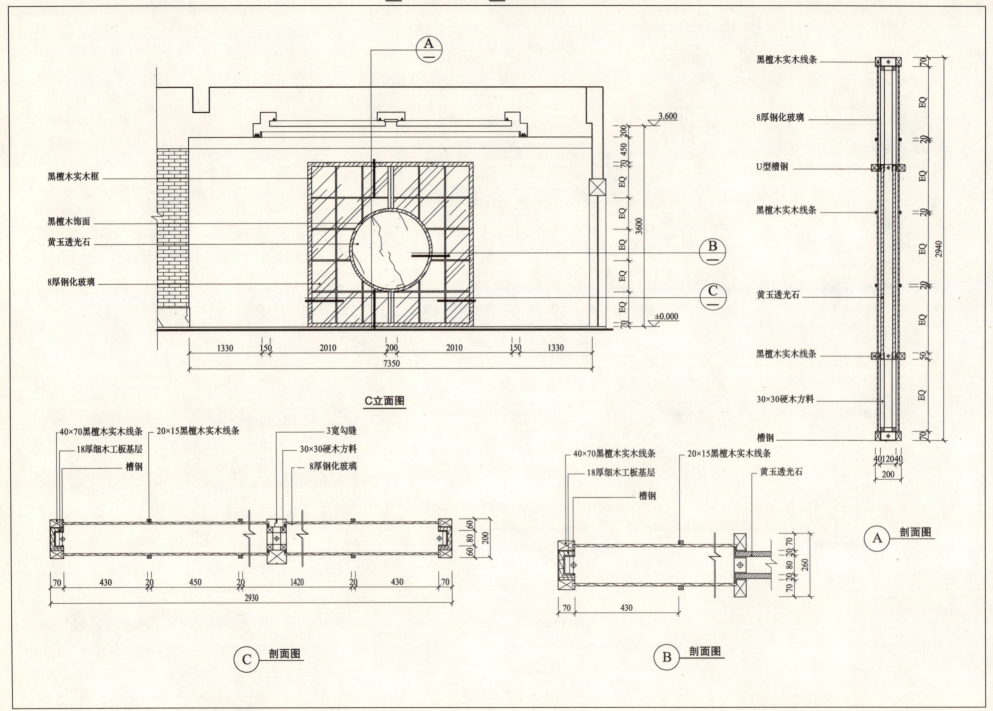

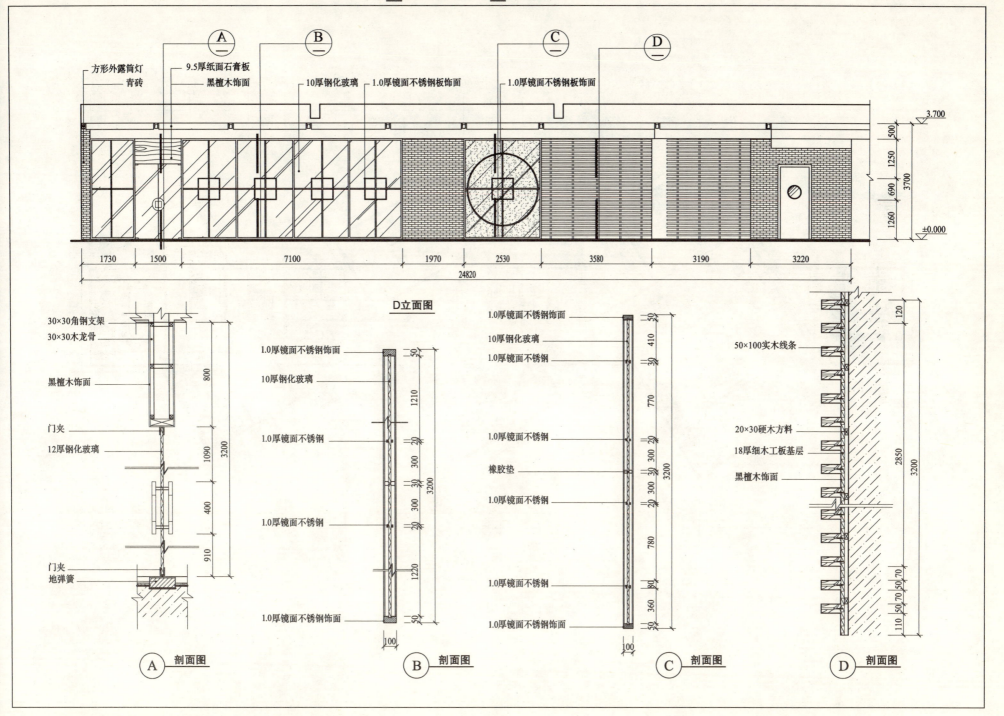

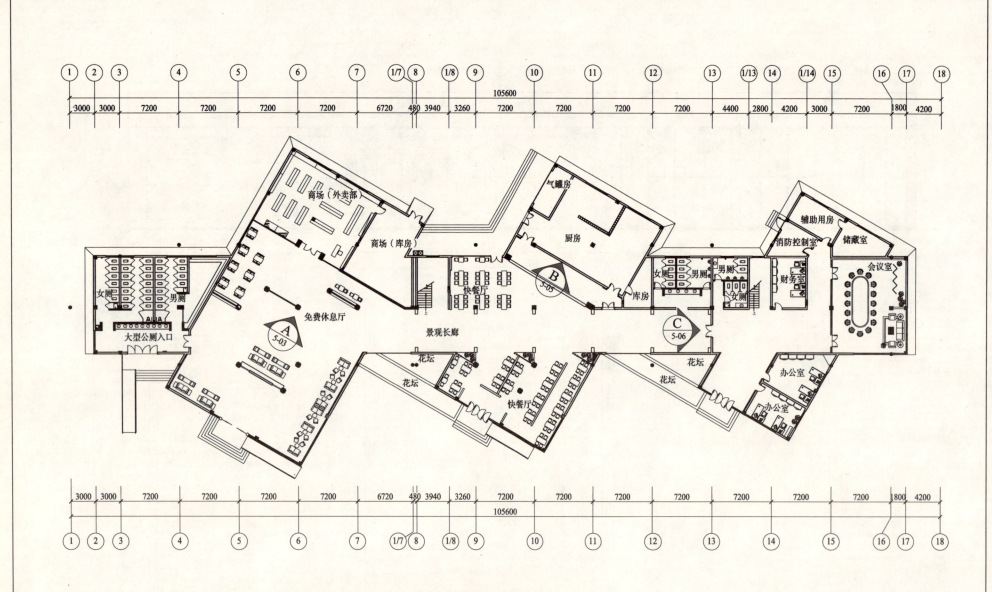

服务区(二)一层平面图

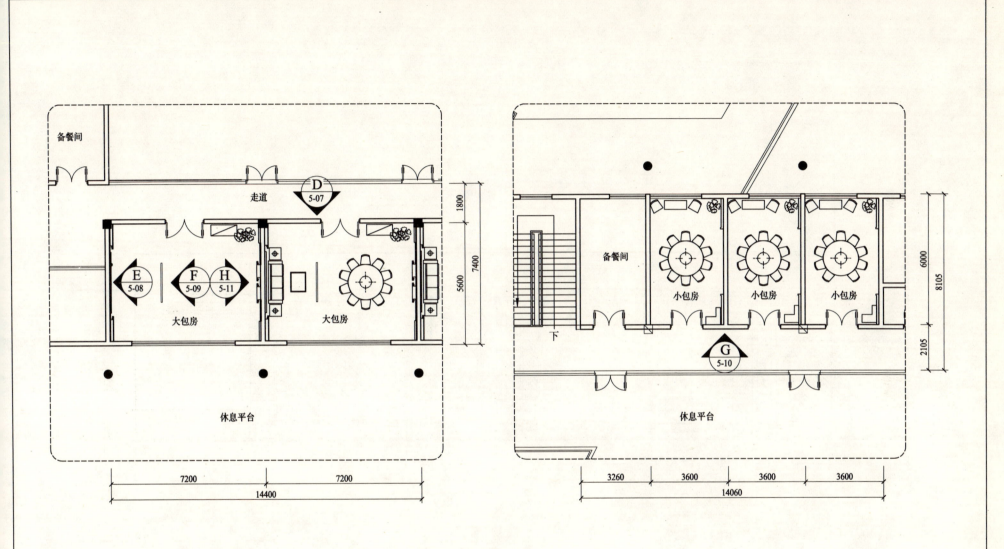

服务区(二)二层平面图

三 休闲娱乐空间 5 服务区（二）

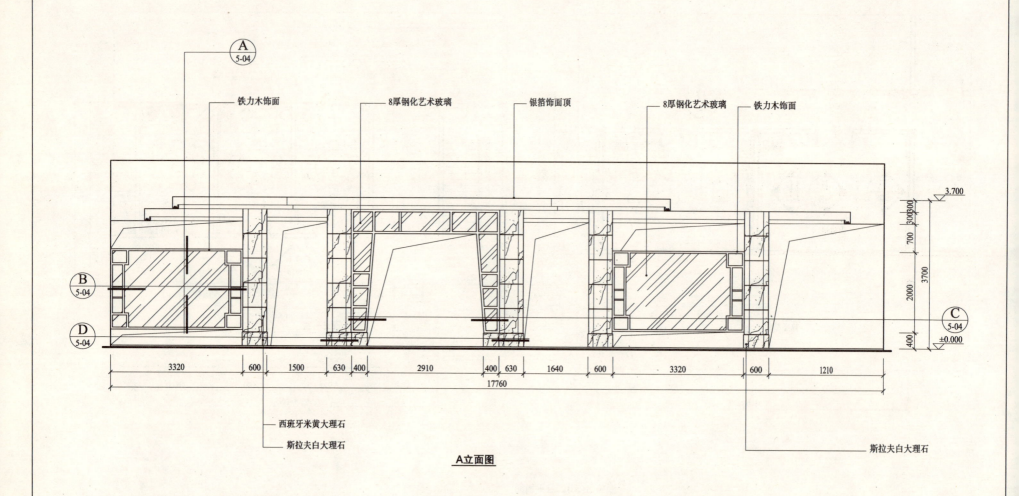

A立面图

三 休闲娱乐空间 5 服务区（二）

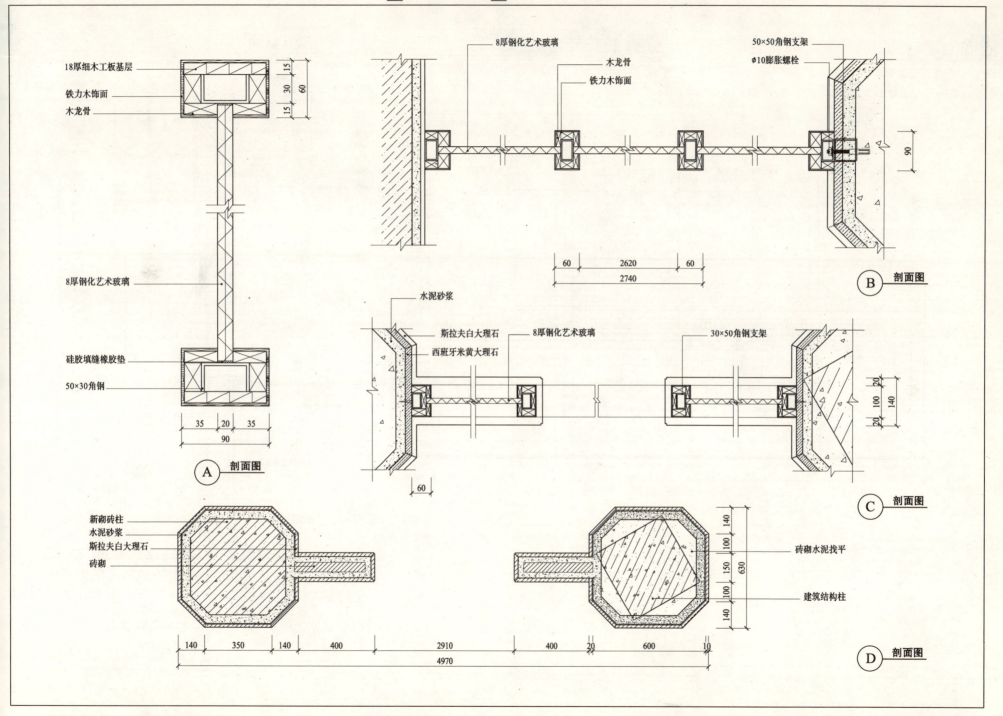

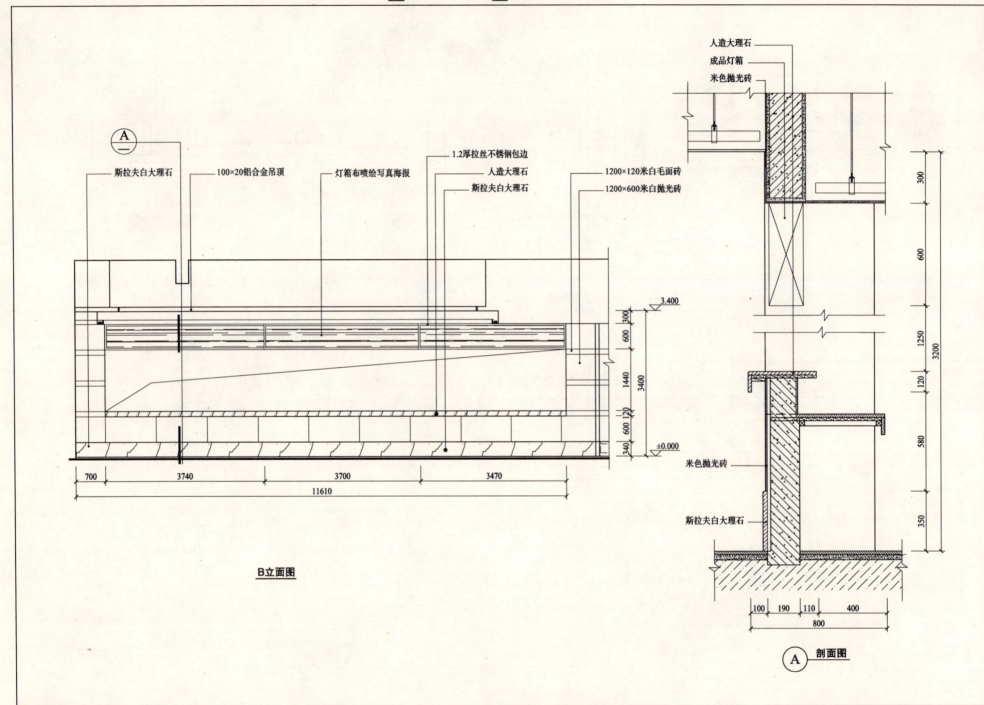

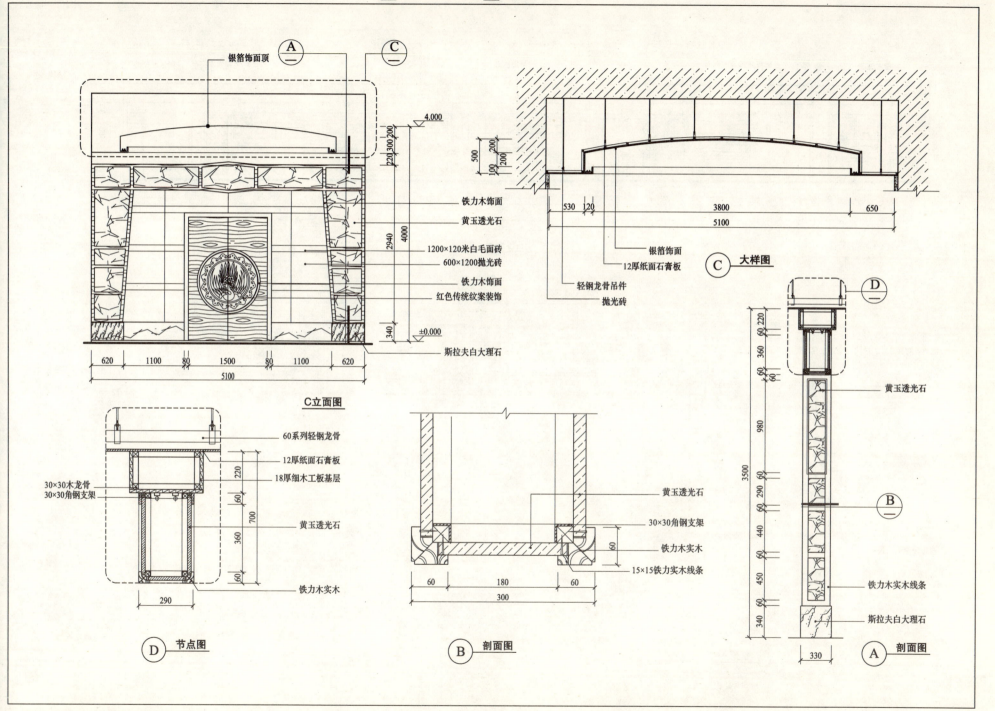

三 休闲娱乐空间 5 服务区（二）

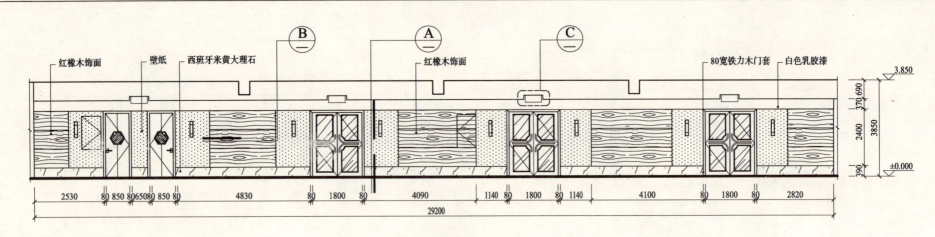

D立面图

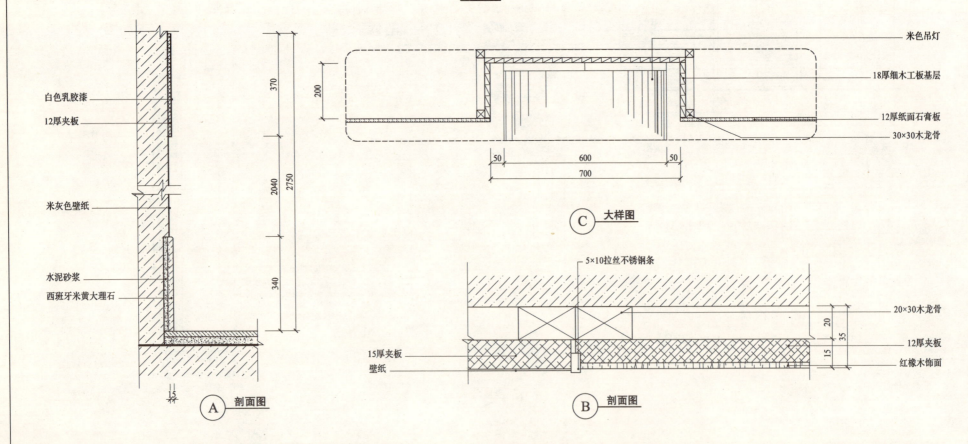

78

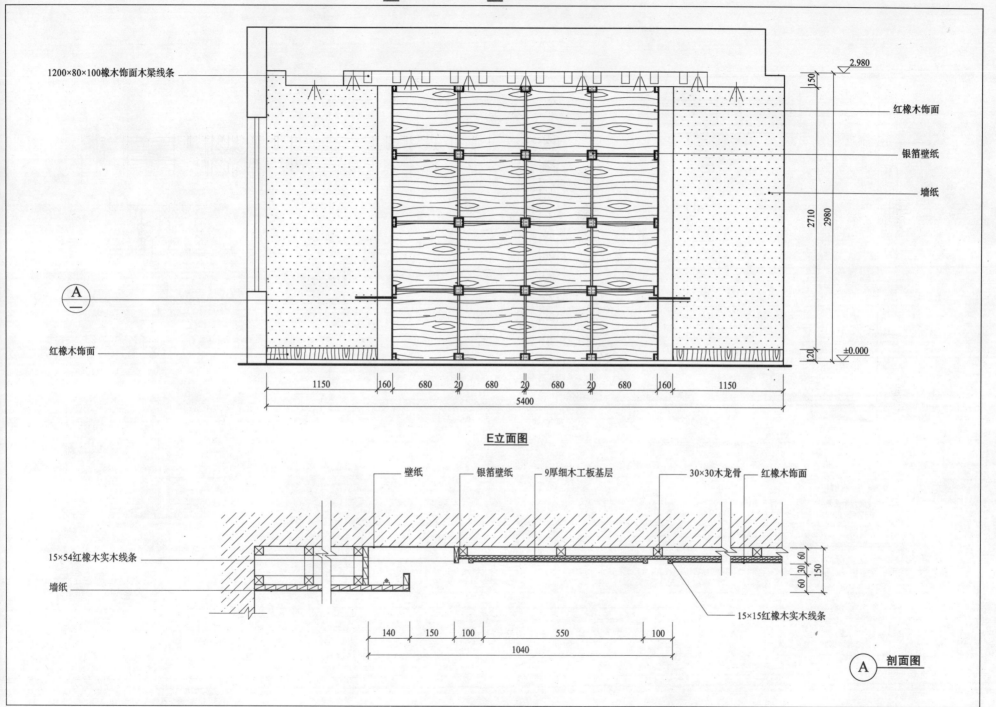

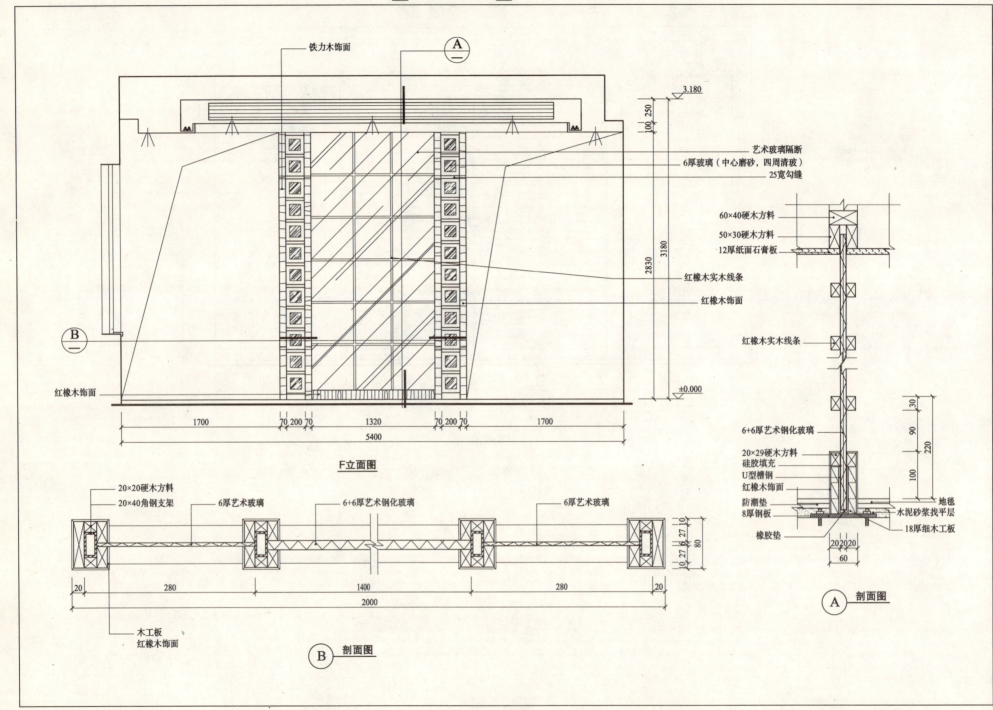

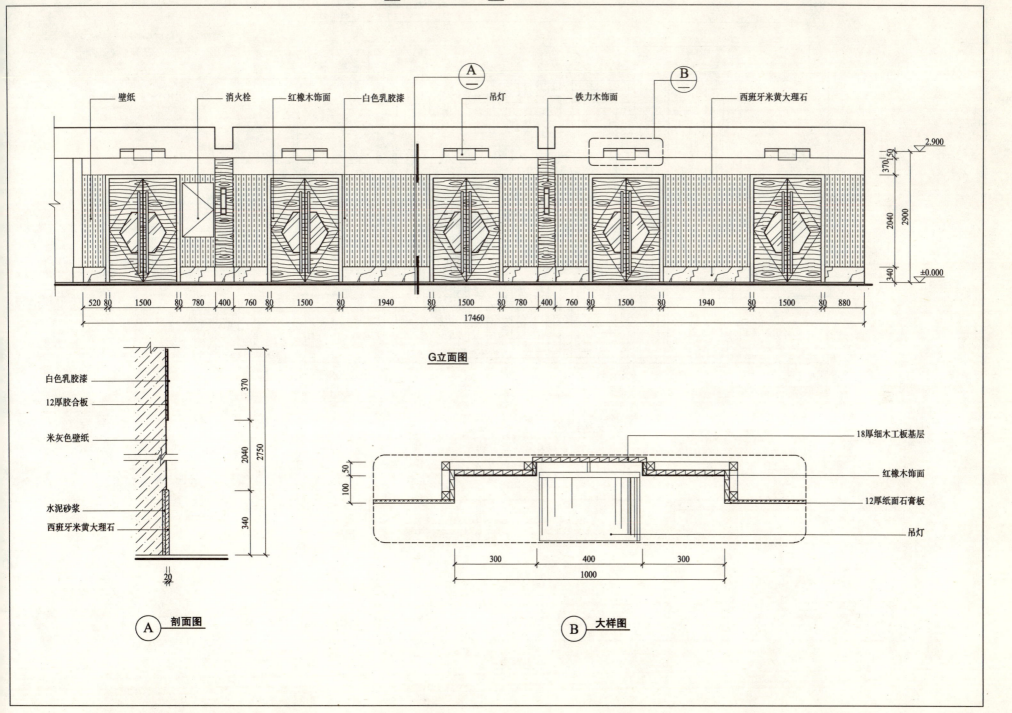

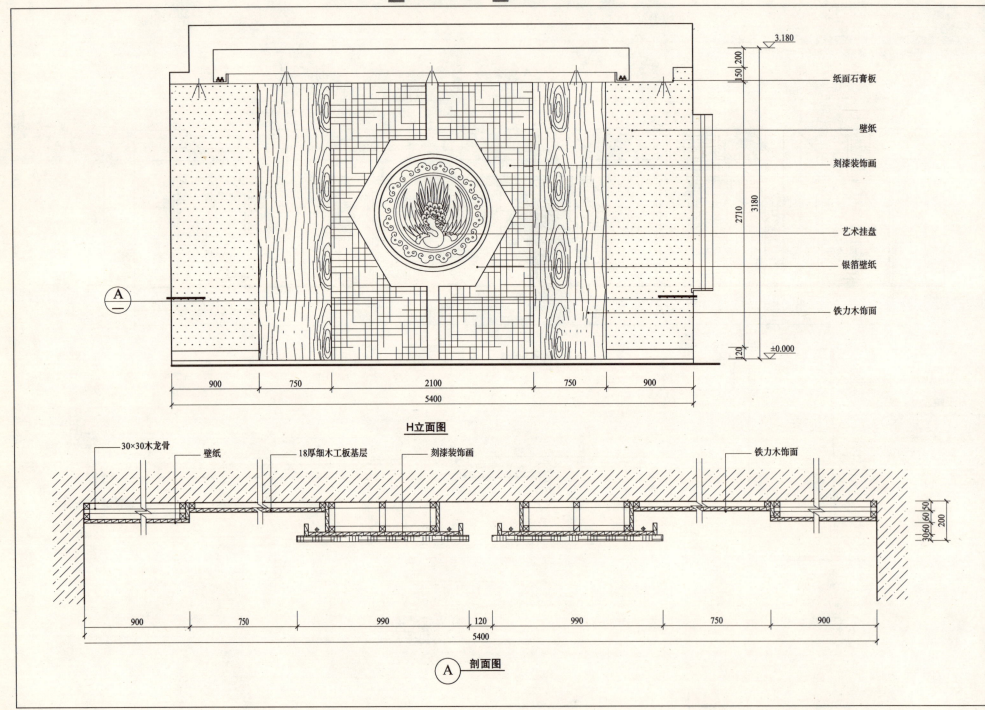

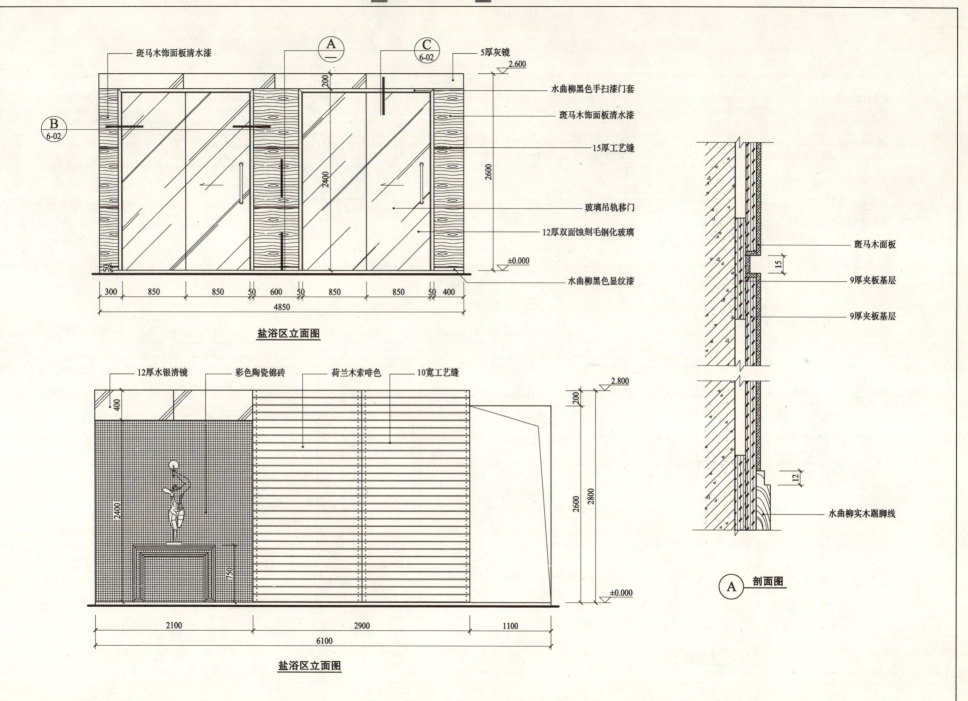

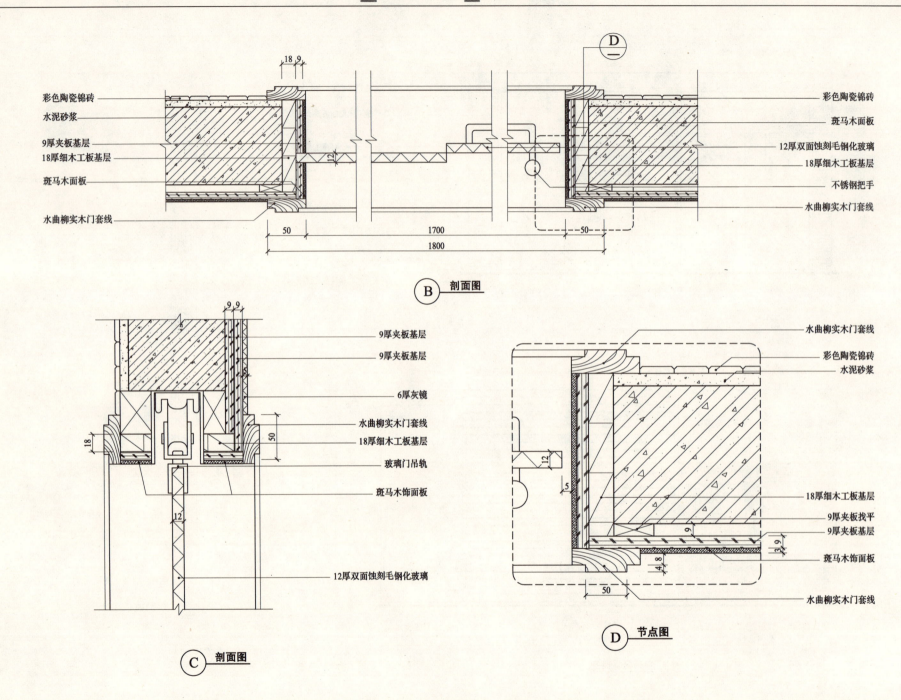

三 休闲娱乐空间 6 洗浴中心

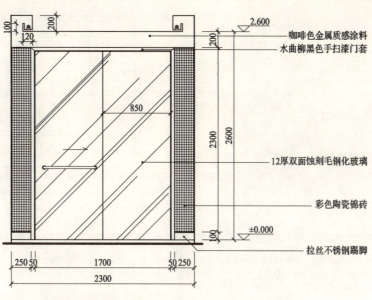

盐浴区休息室立面图

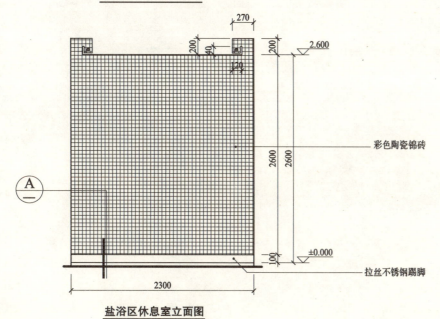

盐浴区休息室立面图

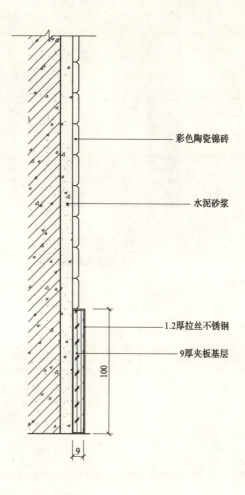

 剖面图

三 休闲娱乐空间 6 洗浴中心

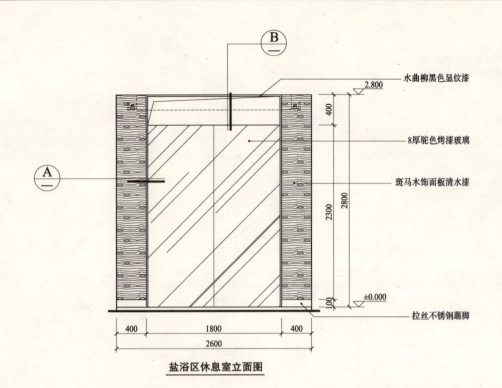

盐浴区休息室立面图

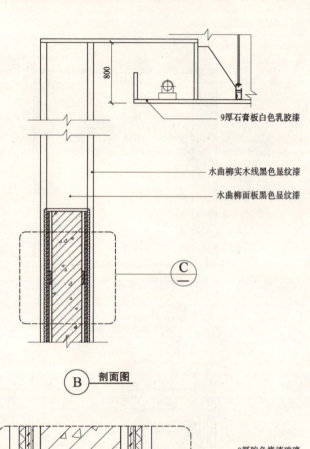

B 剖面图

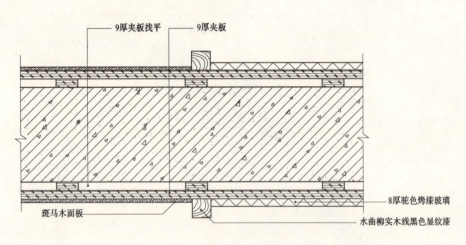

A 剖面图

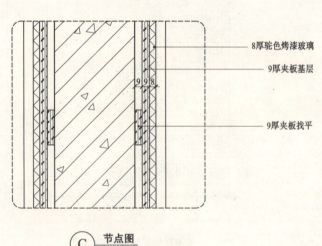

C 节点图

三 休闲娱乐空间 6 洗浴中心

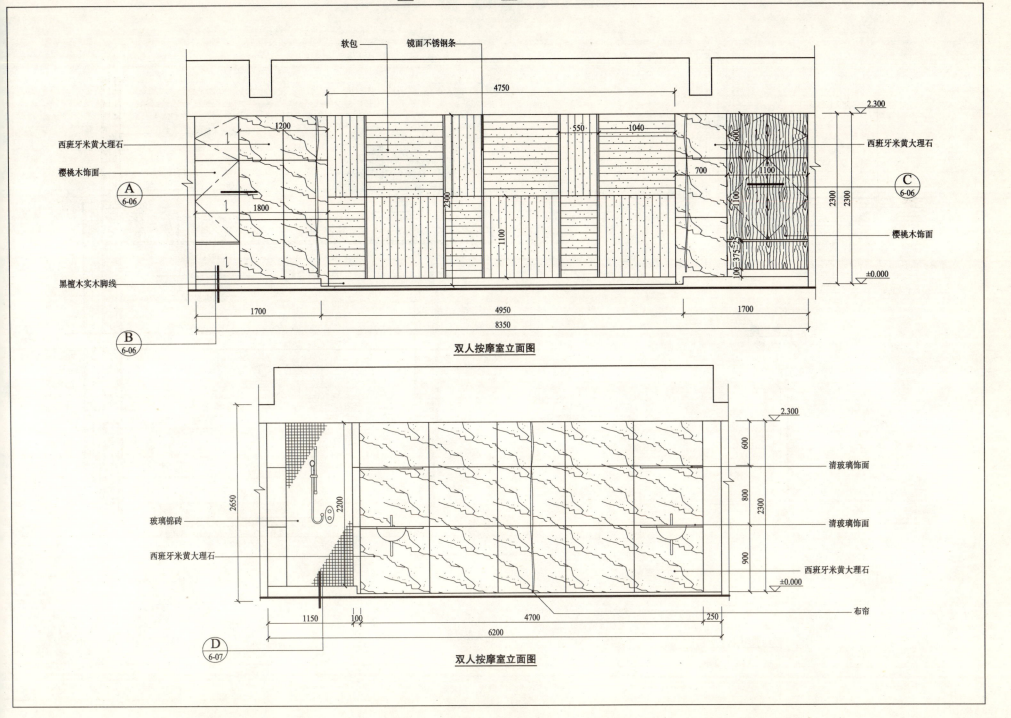

双人按摩室立面图

双人按摩室立面图

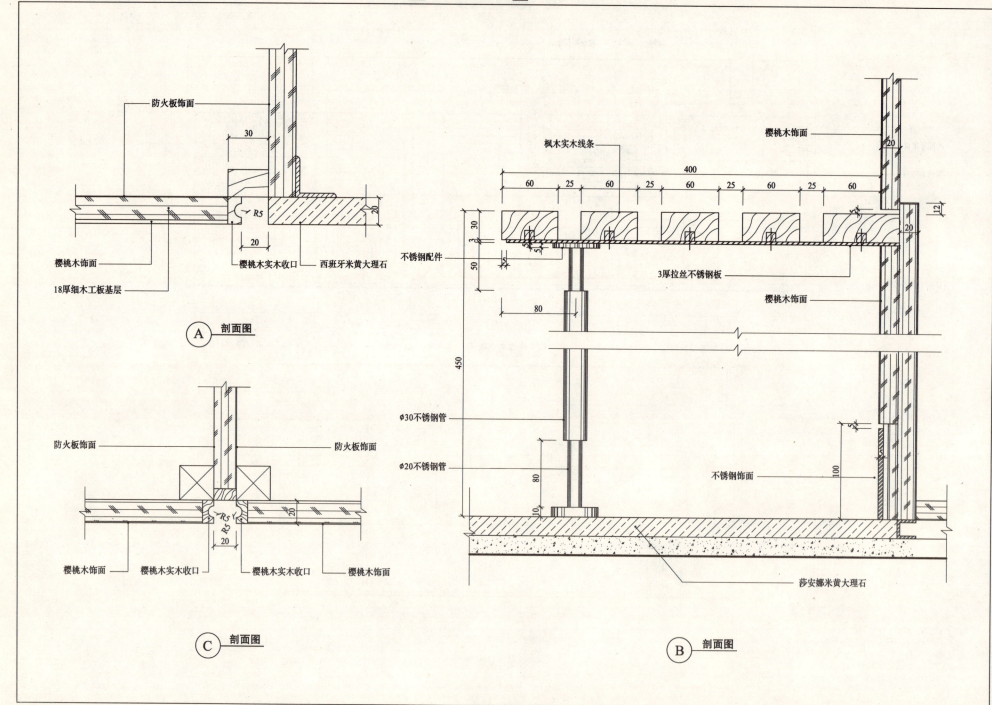

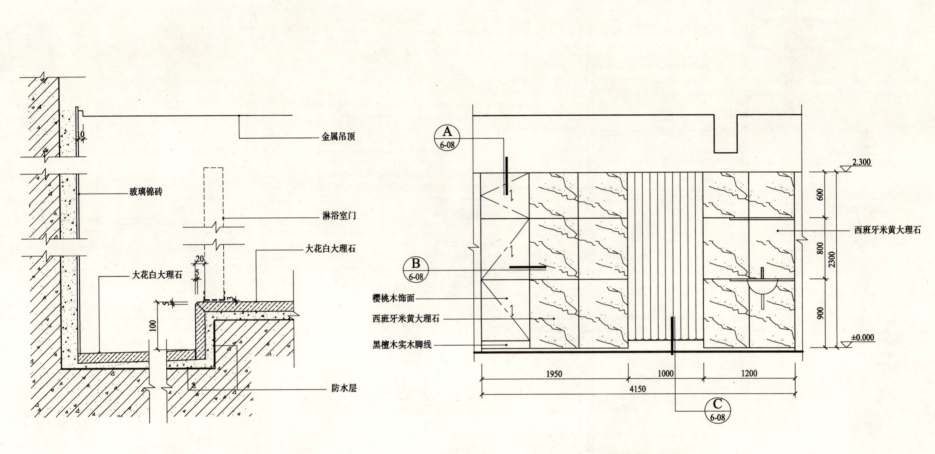

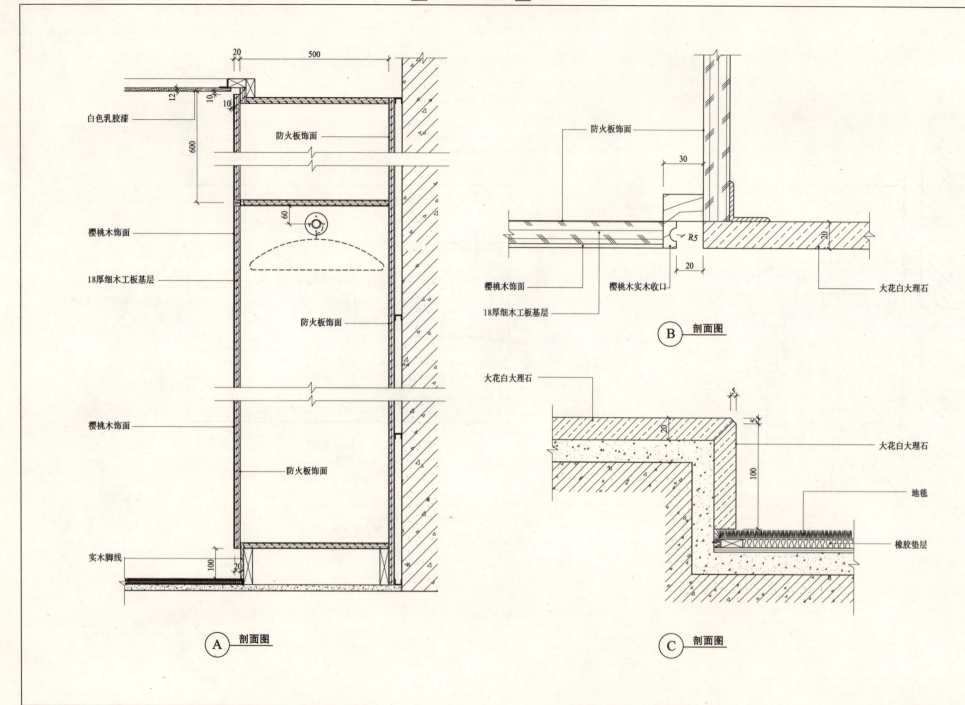

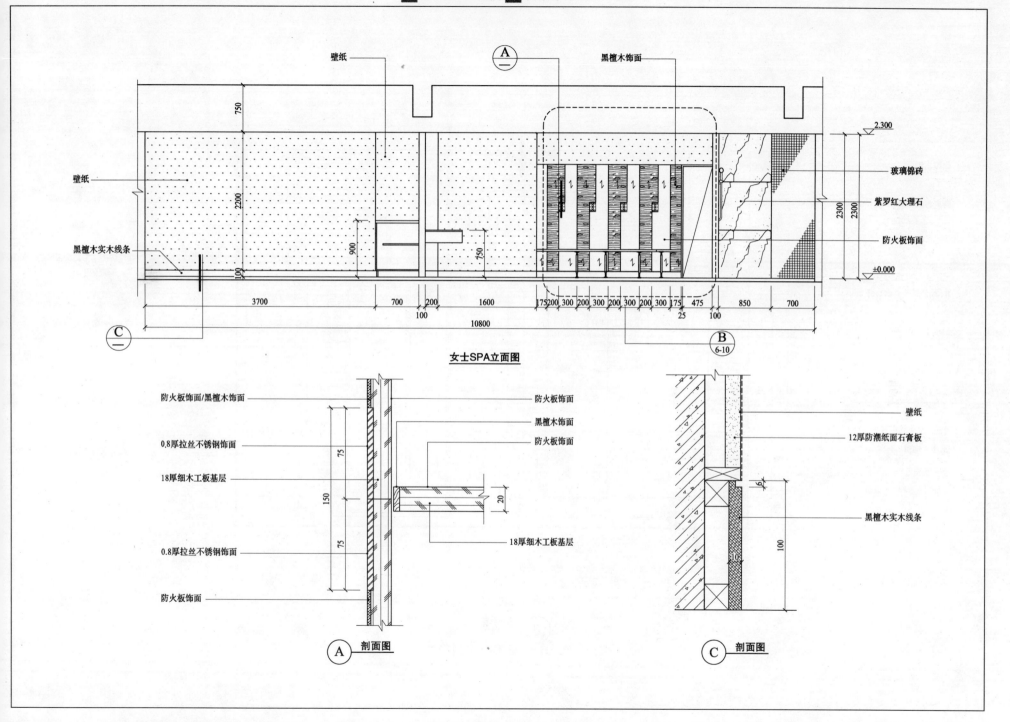

三 休闲娱乐空间 6 洗浴中心

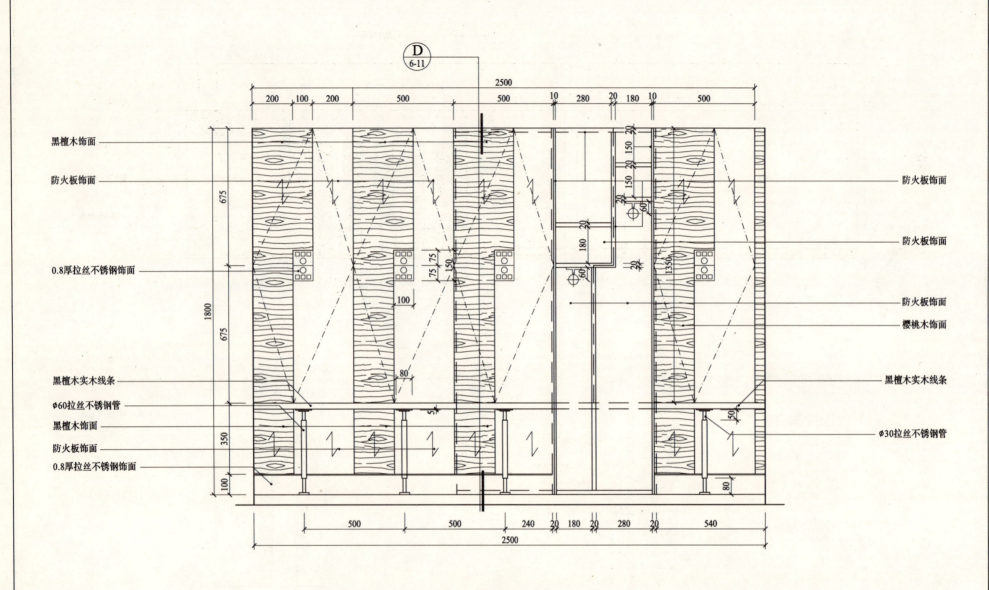

ⓑ 大样图

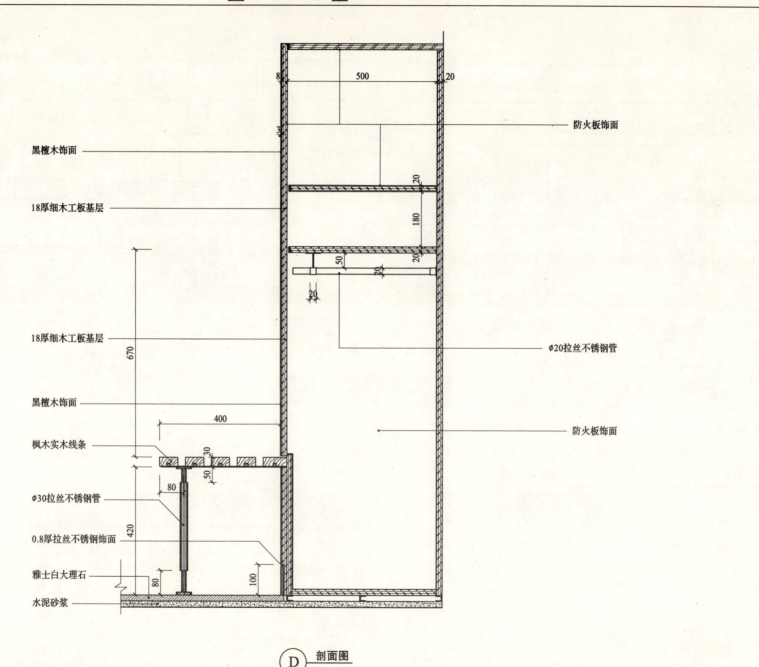

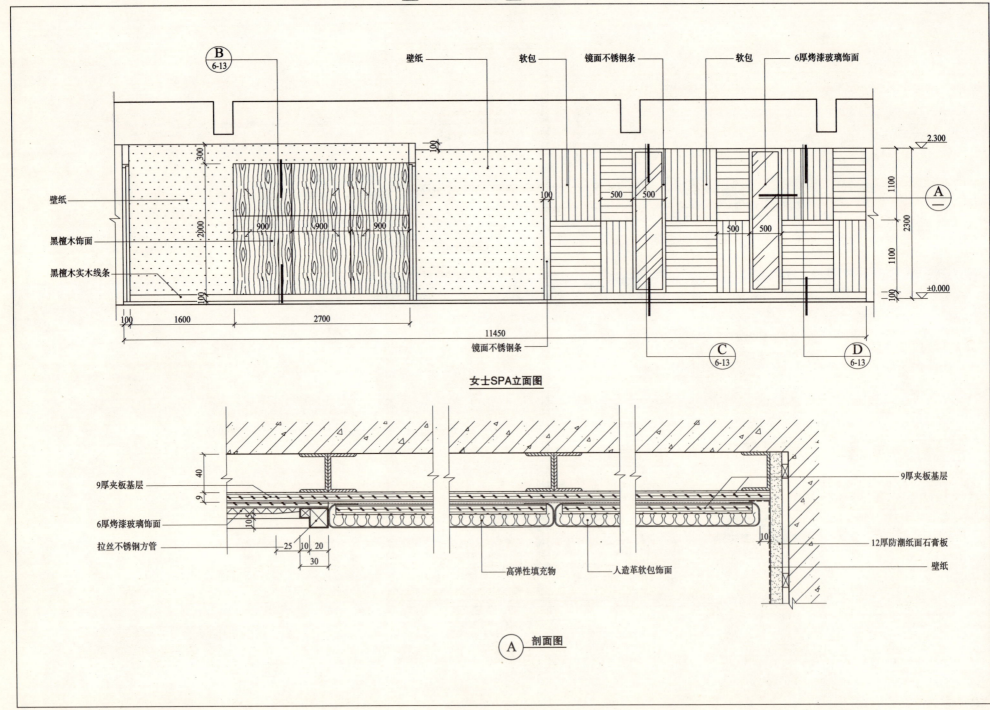

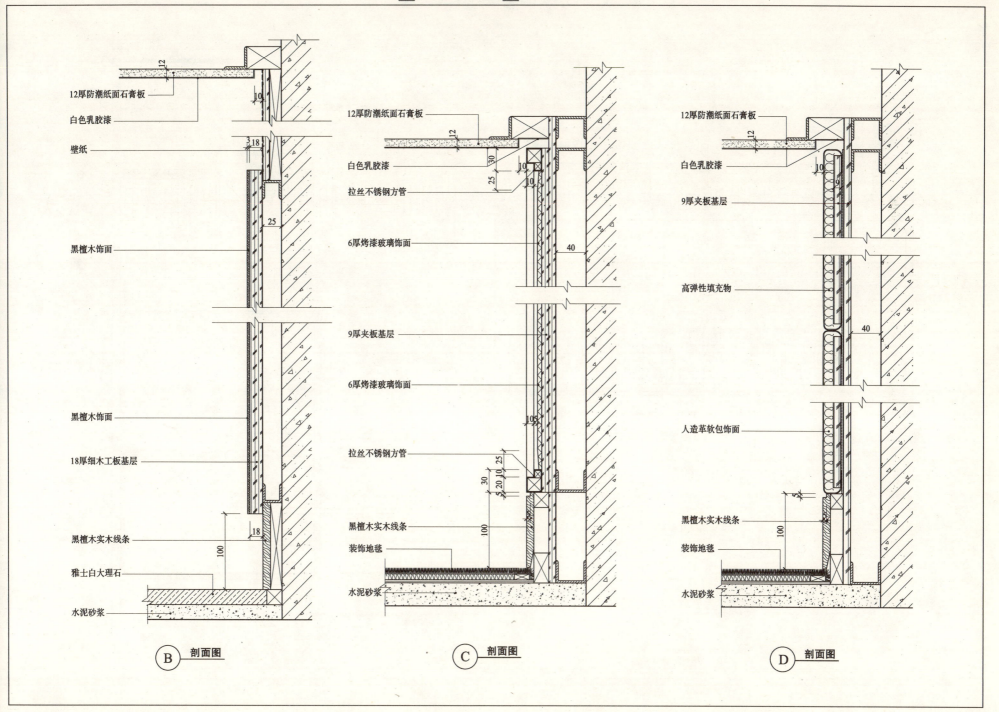

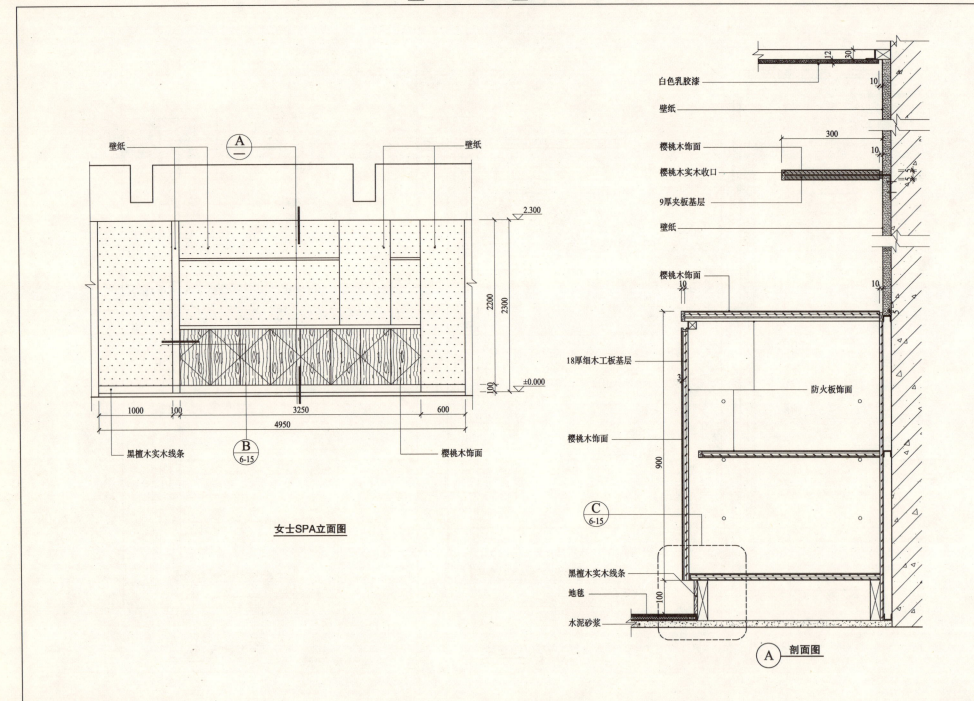

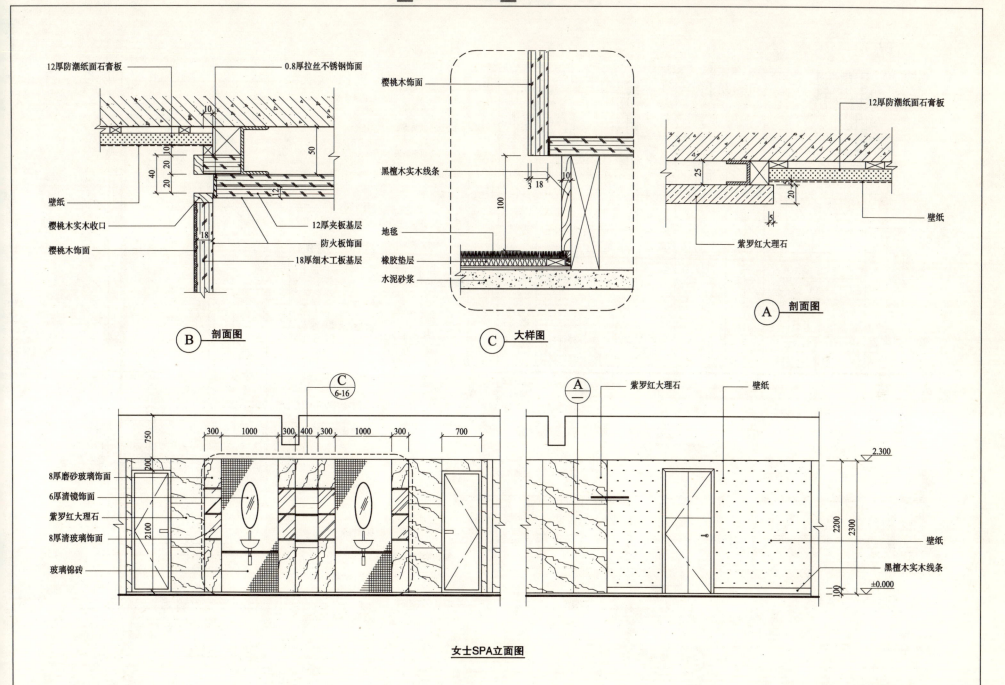

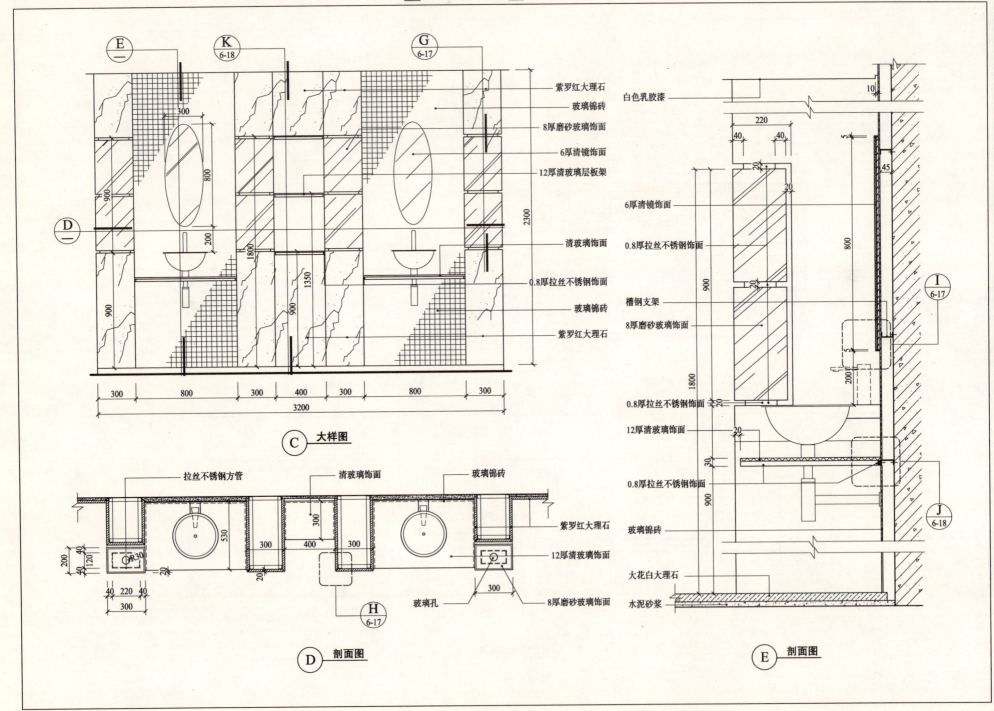

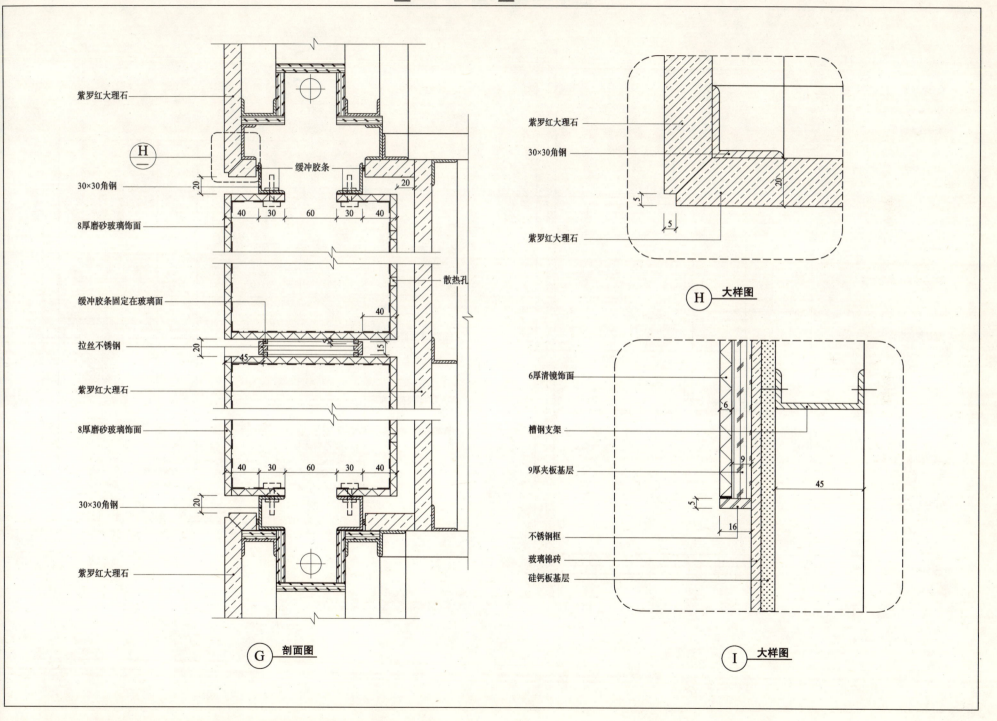

三 休闲娱乐空间 6 洗浴中心

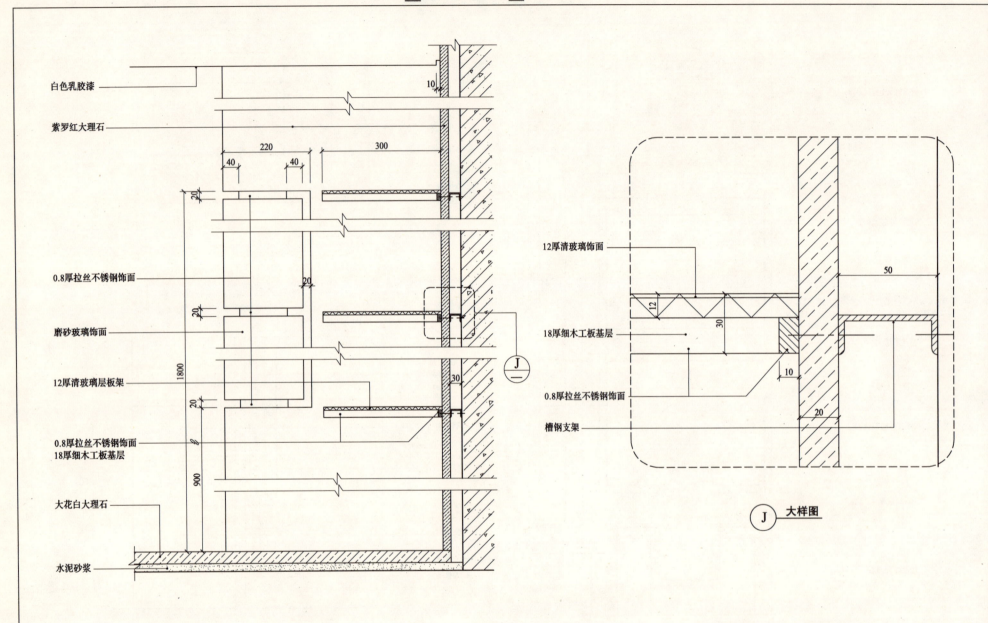

公共卫生间　第四章

　　卫生间是私密性较高的空间，设计师在设计公共卫生间时不仅要考虑门的开启方向，入门的角度，还应充分考虑其空调、通风和采光等室内环境设备设计的协调。公共卫生间洗手盆、龙头的设计要根据不同的场所来合理选择，类似高速公路服务区、商场等人杂且人群密集的公共场所不可选用台上盆，容易弄得台面和地面都是水。龙头尽可能选择感应型的，虽然一次性投入较大，但是这样可以防止龙头被反复扳来扳去，延长龙头的使用寿命，同时又可以控制和节约用水。在台盆下面构造钢架的设计上，要保证能承担台盆、台面自重的压力和其他外来的重量压力。

公共卫生间地面及盥洗台部位1300mm以下墙面须做防水层设计，防水层需按《地下防水工程施工质量验收规范》（GB 50208—2002）、《地下建筑防水涂膜工程技术规范》（DB/TJ 80—204—96）标准进行设计。

墙面石材与瓷砖铺贴设计时，要注意板材分格线的模数与位置，要尽力做到台盆、小便斗及五金配件摆放的位置能在板材的中心，或者能在两块板材的中缝处，同时，墙面的铺贴又要和地面的铺装板缝跟通。这样既能体现出一个设计师严谨细致的基本素质，又能展示出墙地面整体、精致、完美的视觉效果。

公共卫生间的隔间应根据不同的场所、不同的档次进行合理的设计。一般公共场所卫生间使用的隔间多选用整体浴厕隔间，它是以特殊设计的五金配件，结合高品质、装饰性很强的隔间板材发展起来的多功能浴厕隔间系统。目前市场上多用的隔间板材有倍耐板、耐火板贴面饰面板、三聚氰胺饰面板及金属板等。整体浴厕隔间系统的五金配件多采用耐候性极佳的铝合金、不锈钢或尼龙材质制成，强度、柔韧度、耐酸碱性、抗老化性极佳，门扇铰链具有自动回归之功能。但是，这些隔间在个性化的设计上却无法满足设计师的需求。因此，设计师会在星级酒店、甲级写字楼等高级场所、夜总会、酒吧、会所等风格个性比较独特的公共卫生间隔间上做一些独具创意的设计。

无障碍卫生间的设计应针对残障人是需要人性化设计的群体，所以在设计中要考虑到残障人的行为尺度，如轮椅通行的基本宽度为800mm，轮椅转动的基本尺寸直径等于 1500mm。无障碍卫生间的出入口不能存在高差，隔间的门应采用移门或外开门，插销、把手也同样要考虑安全救护和使用方便，有些特殊的场所，卫生间内还需要个别考虑安装报警铃。

无障碍卫生间的扶手分为可动式和固定式两种，扶手材料多数为不锈钢，它有防水、防锈、易保持清洁等优点，其他还有铝合金、铁芯外包防滑塑料橡胶等。

人流量较大的公共卫生间，应考虑设计一个高度可以便于轮椅乘坐者和幼儿使用的盥洗台，同时在盥洗台的下面应留有650mm的空间，以保证轮椅乘坐者的腿部不受妨碍。

图纸部分

四 公共卫生间 1 酒店公共卫生间

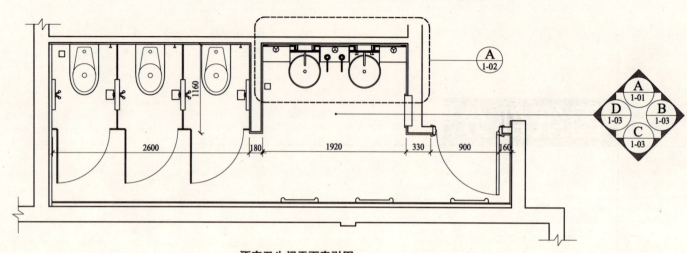

酒店卫生间平面索引图

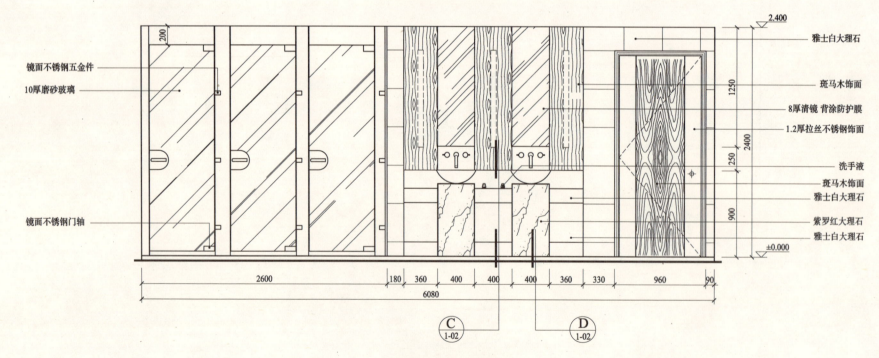

酒店卫生间A立面图

四 公共卫生间 1 酒店公共卫生间

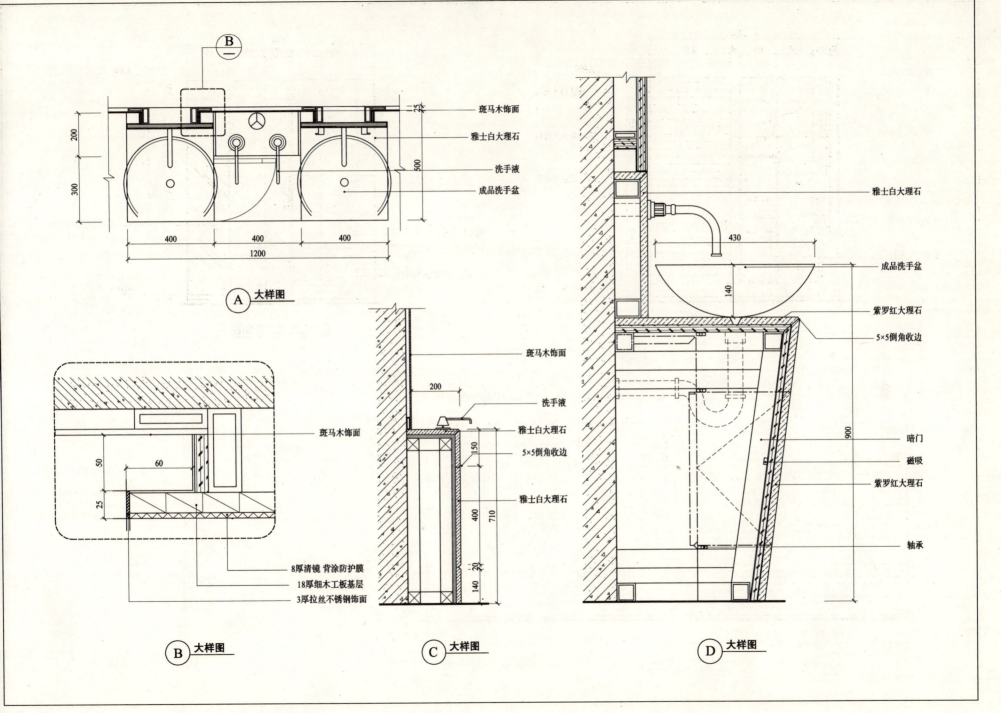

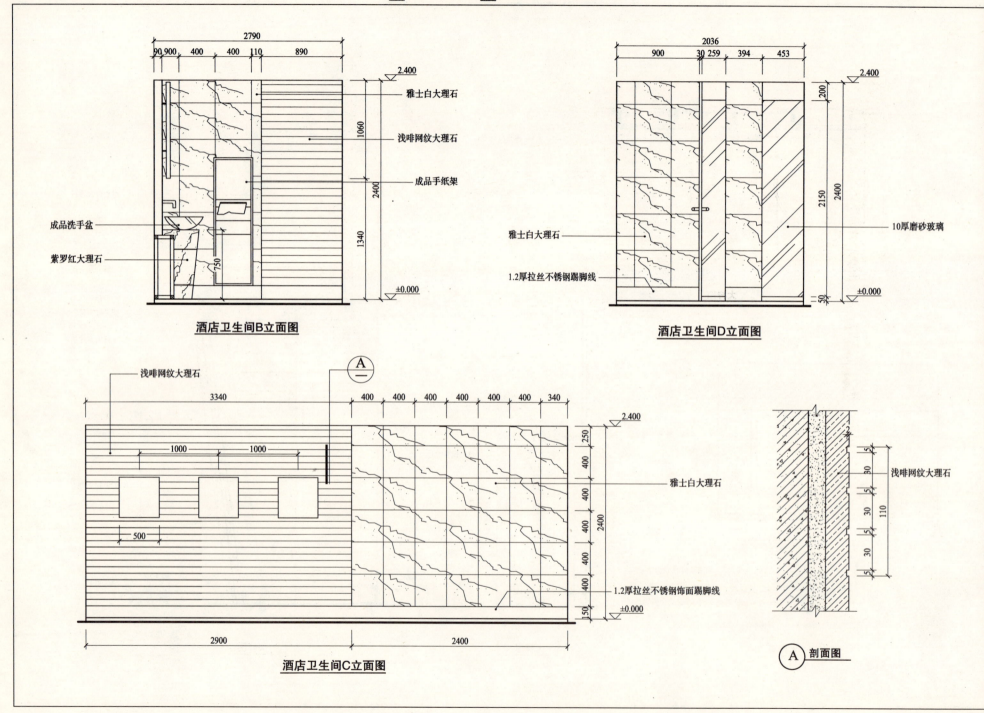

四 公共卫生间 ② 办公区公共卫生间

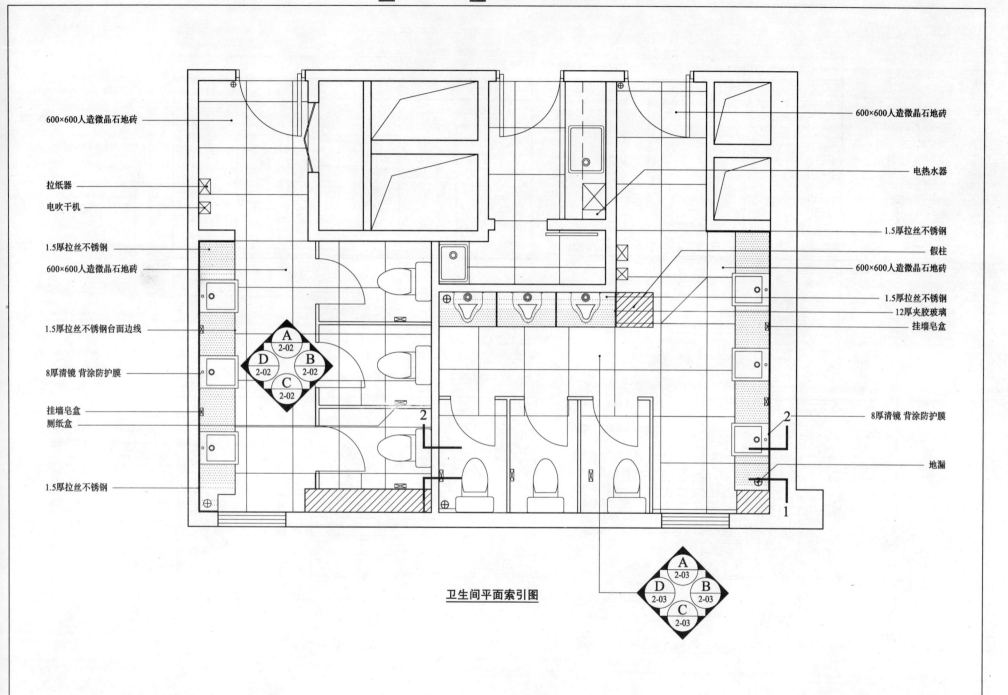

卫生间平面索引图

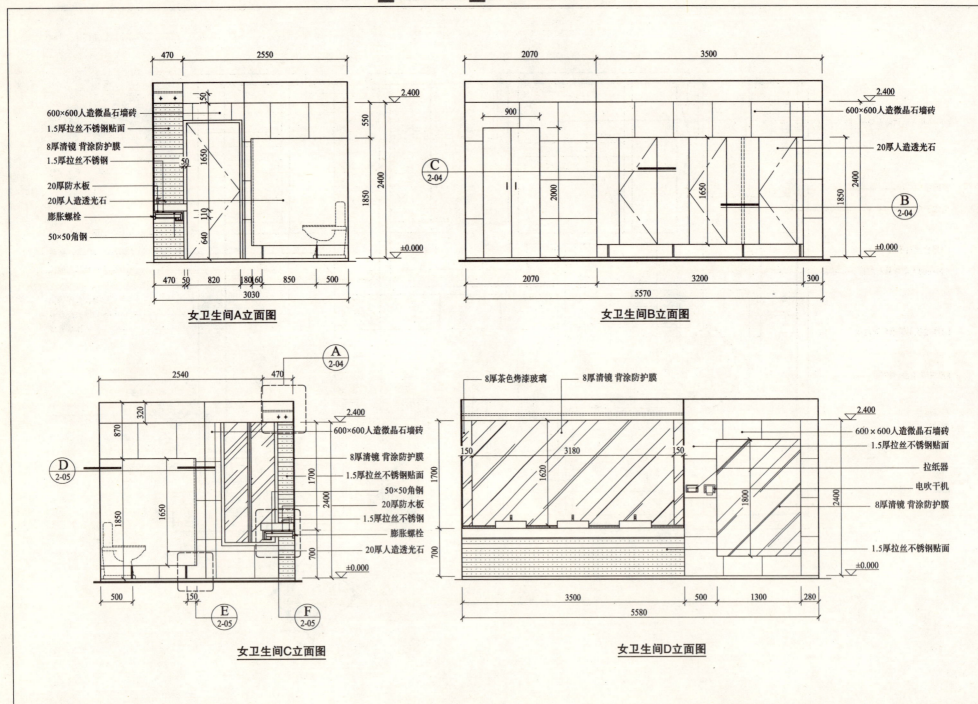

四 公共卫生间 2 办公区公共卫生间

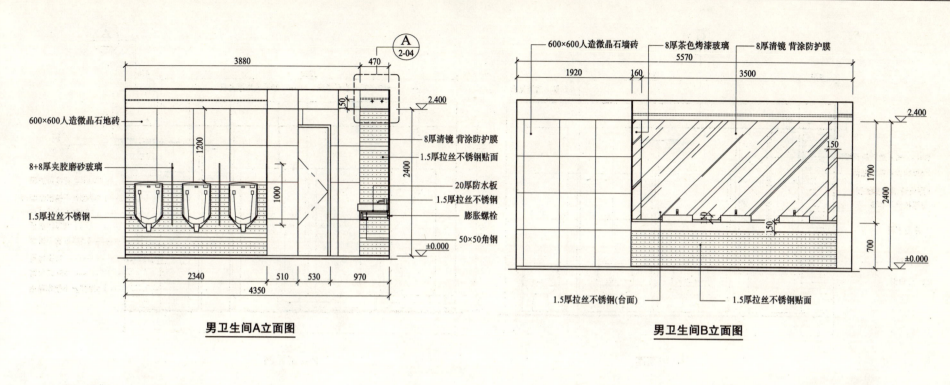

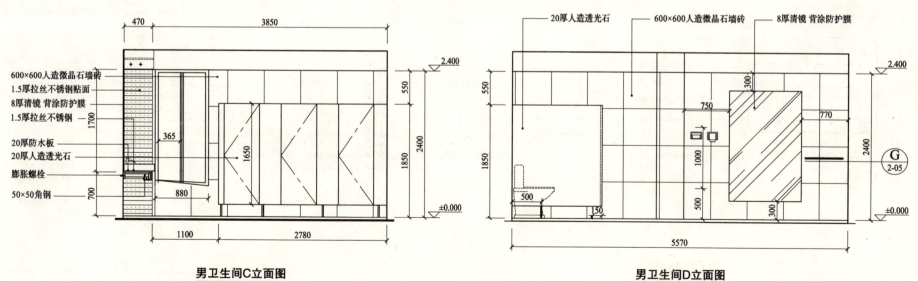

109

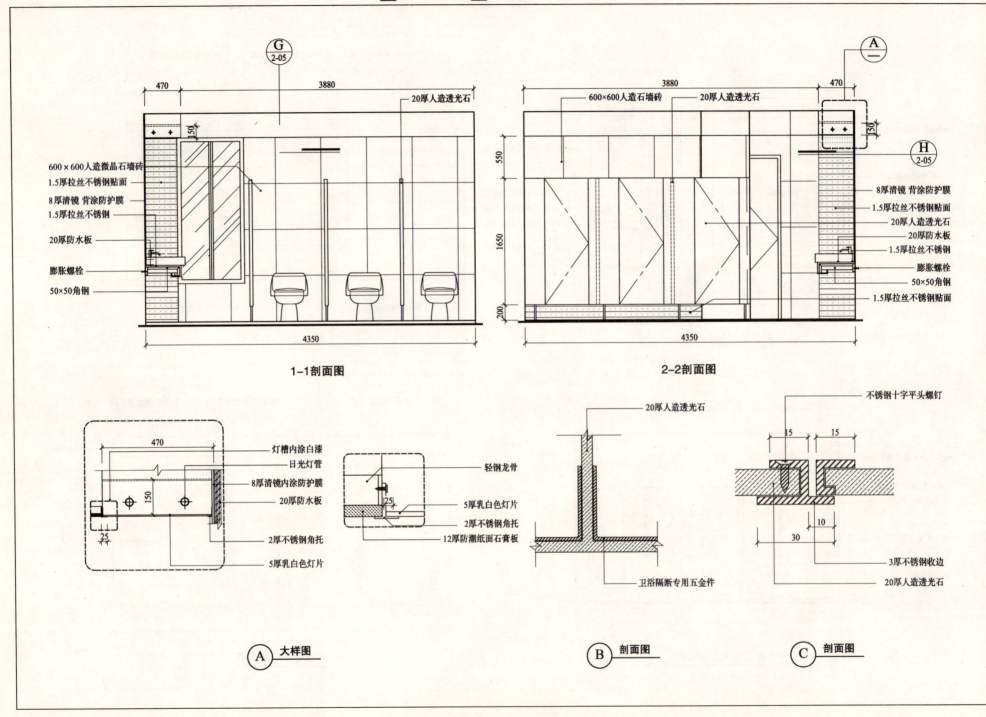

四 公共卫生间 2 办公区公共卫生间

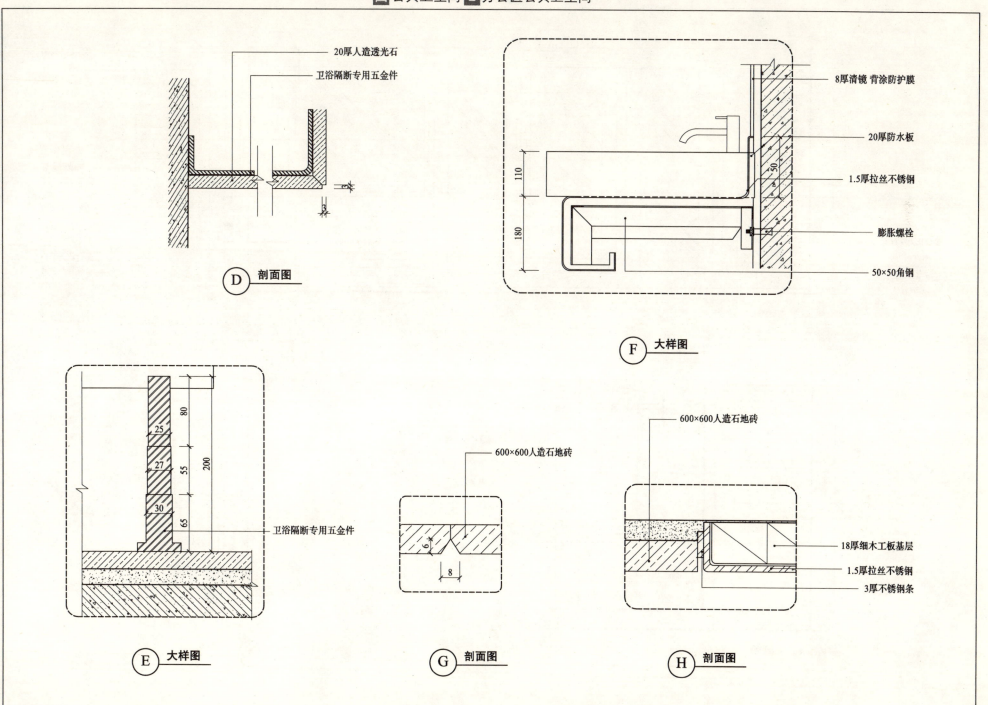

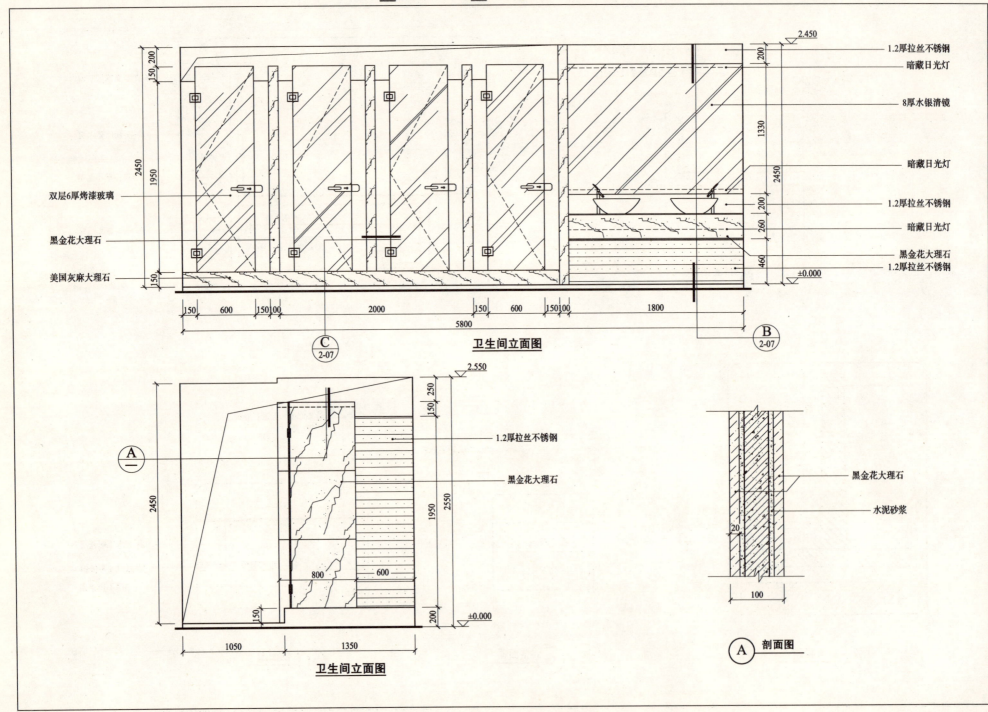

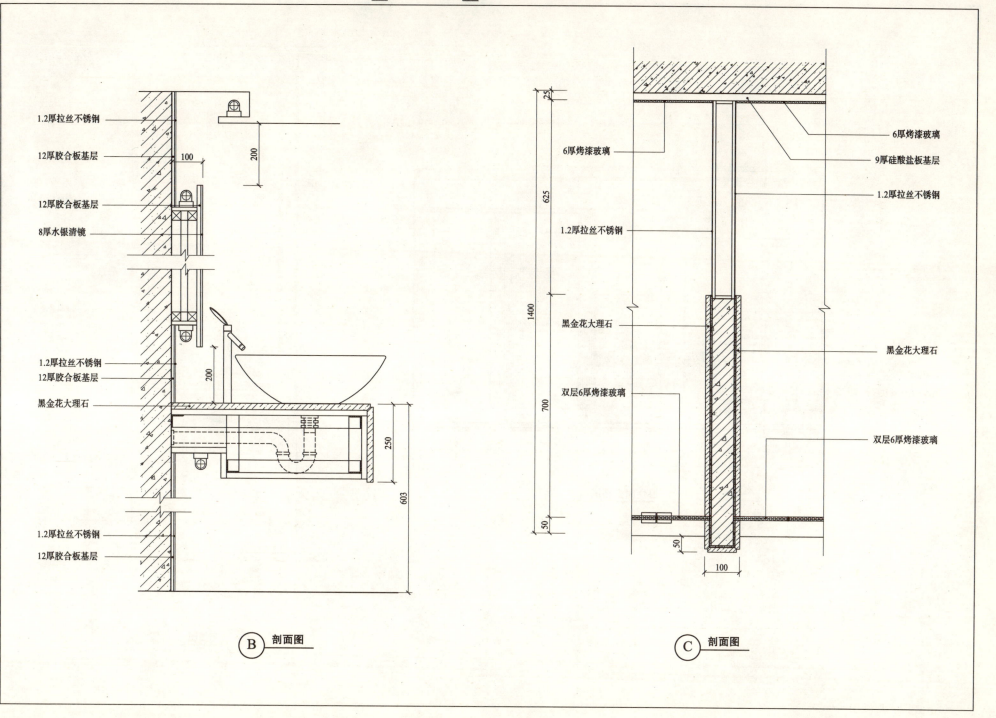

四 公共卫生间　2 办公区公共卫生间

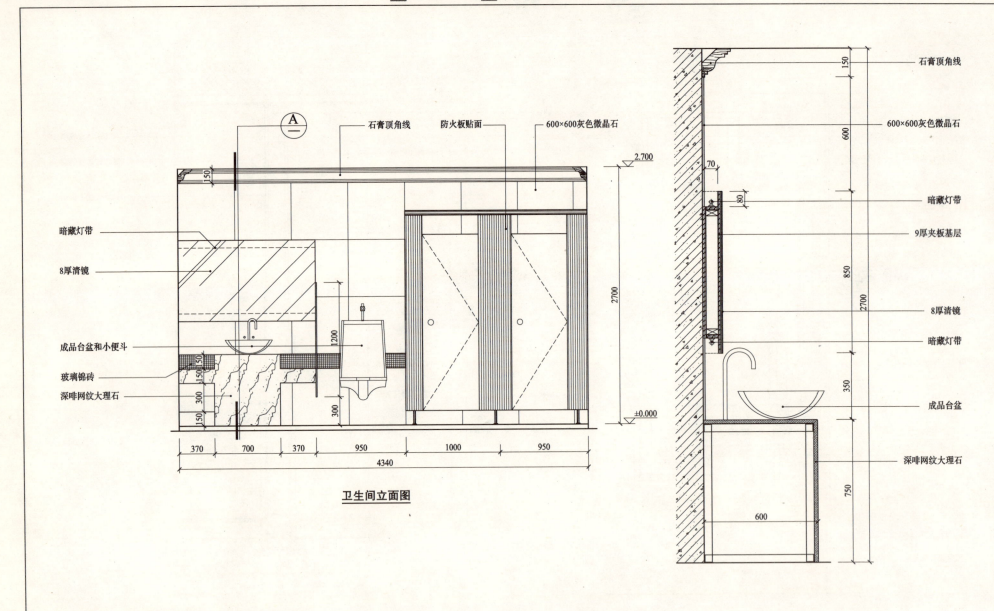

卫生间立面图

Ⓐ 剖面图

四 公共卫生间 3 服务区公共卫生间

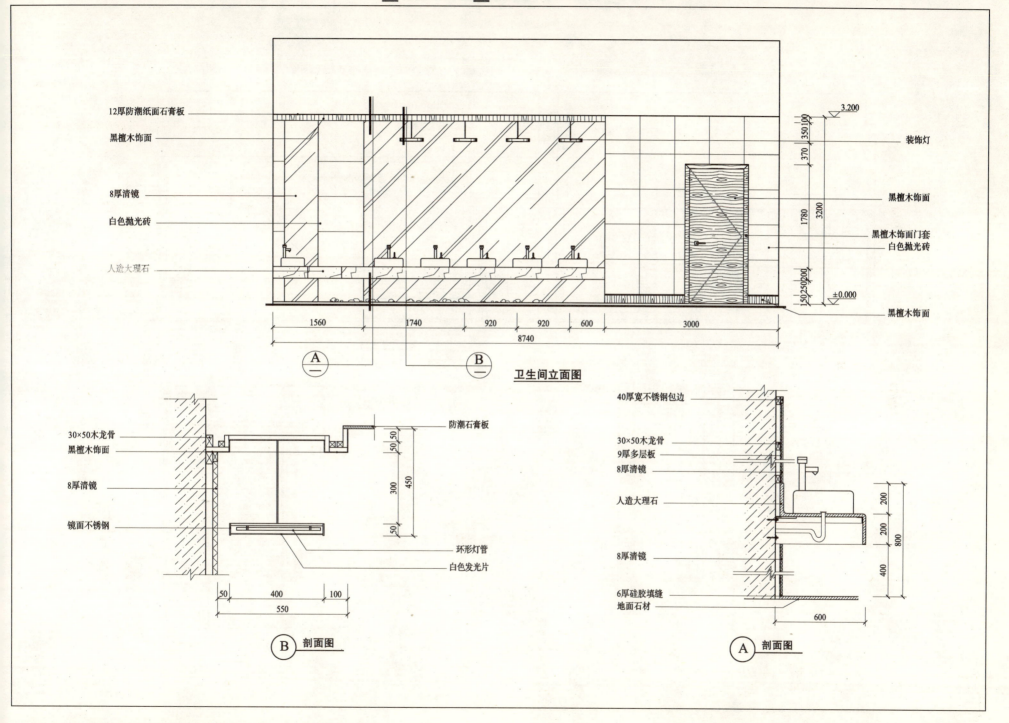

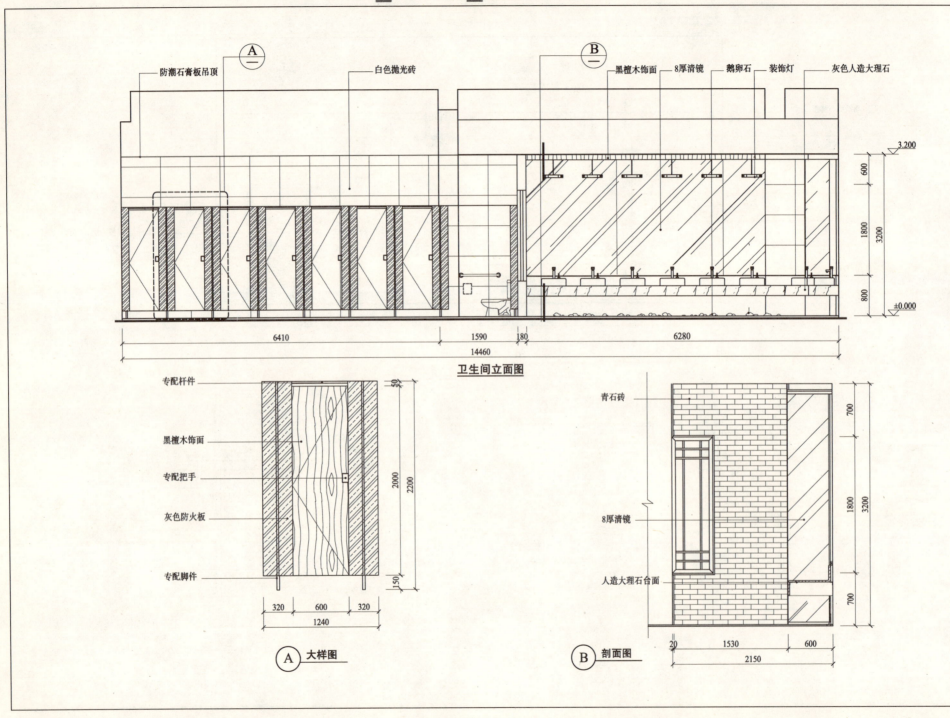

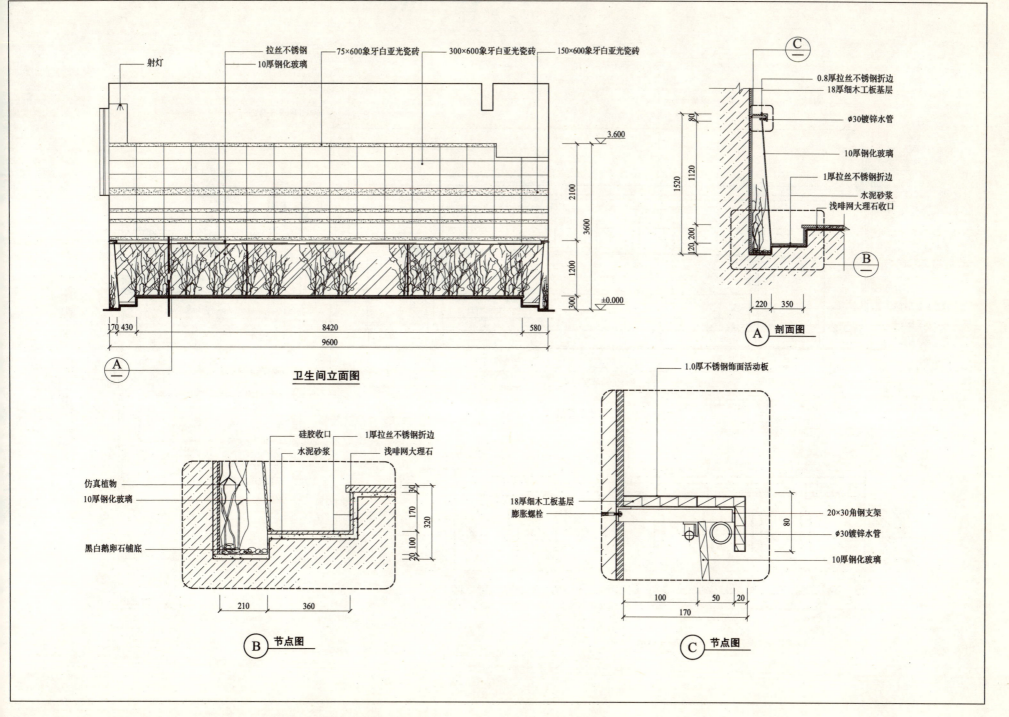

四 公共卫生间 3 服务区公共卫生间

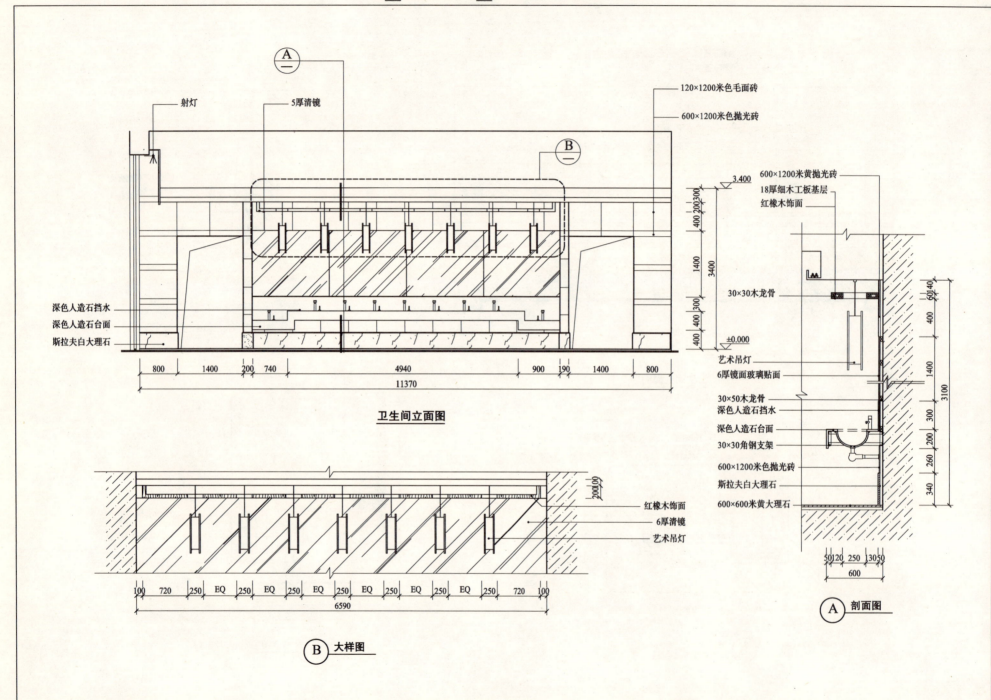

居住空间　第五章

居住室内空间一方面要把握好居住空间内部顶、地、墙及门窗等装饰细部的固定部分设计，另一方面还要做好家具、陈设、帘幔、地毯等可移动部分的布置设计。居住室内空间设计最关键的因素就是各空间部分的功能合理性与实用性，即居住室内设计所涉及到的全部空间，以至每个细部环节。这就要求设计师充分发挥其想象力和创造力，克服居住室内建筑空间的局限，巧妙利用合适的装饰材料，恰到好处地使用材料的色彩、质感和肌理，尽量做到使每一个装饰细部设计都无可挑剔，只有这样才能创造和谐统一的室内空间意境。

（一）居住室内空间的分类

住宅的空间构成实质上是家庭活动的性质构成，范围广泛，内容复杂，但归纳起来，大致可分为三种性质空间：

1. 群体活动空间

群体生活区域是以家庭公共需要为对象的综合活动场所，是一个与家人共享天伦之乐兼与亲友联谊情感的日常聚会的空间。群体活动空间包括门厅、起居室、餐厅、游戏室等。

2. 私密性空间

私密性空间是为家庭成员独自进行私密行为所设计提供的空间，其作用是使家庭成员之间能在亲密之外保持适度的距离。私密性空间主要包括卧室、书房和卫生间(浴室)等处。

3. 家务区域空间

家务区域空间即是解决家庭众多琐碎任务的工作空间，家务活动以准备膳食、洗涤餐具、衣物、清洁环境、修理设备为主要范围。家务工作区域的设计应当首先对每一种活动都给予一个合适的位置；其次应当根据设备尺寸及使用操作设备的人体工程学要求给予其合理的尺度。

（二）居住室内空间的装饰手段

1. 顶棚

一般居住室内空间的顶棚由于受住宅建筑层高低的限制，不宜设置较大的吊灯及层次复杂的吊顶，顶棚装饰多以简洁的构造形式为主。

卫生间、厨房的顶棚设计要考虑到它的防水性能，饰面材料多选用条形铝板、条形PVC板和防潮石膏板等。其吊顶上部构造空间要预留出通风设施的安装尺寸。

2. 墙面

居住室内空间的墙面设计应从使用者的兴趣、爱好出发，体现出不同家庭的风格特点与个性，这样才能设计出个性独特、多姿多彩的居住空间。

起居室是整个居住室内空间中的重点部位，因为它面积大，位置重要，是视线集中的地方，对整个室内的风格、式样及色调起着决定性作用，它的风格也就是整个室内的风格。因此要发挥设计师的聪明才智，综合考虑起居室空间的门、窗位置以及光线的配置，色彩的搭配和处理等诸多因素，使空间明亮开阔。同时应该对一个主要墙面进行重点装饰，以集中视线，如电视背景装饰墙是以电视柜和其背景墙为中心的整体重点装饰。

主卧室的布置应达到隐密、宁静、便利、合理、舒适和健康等要求。墙面设计在充分表现个性色彩、营造出优美的格调与温馨气氛的基础上，还必须合乎休息、视听、阅读、梳妆及卫生保健等方面的综合要求。

卫生间的墙面设计要做好材料材质的选择，充分考虑材料的防水和便于清理等性能。梳妆镜面和边框的设计、做法以及各类贮存柜的设计，装修设计时应考虑所选洁具的形状、风格对其的影响，应相互协调，同时在做法上要精细，尤其是装修与洁具衔接部位上，如浴缸的收口及侧壁的处理，洗手化妆台面的衔接方式，精细巧妙的做法能反映出卫生间的品格。

3. 地面

起居室地面材质选择余地较大，可以利用各种装饰材料，地面的造型也可以用不同材质的对比来取得变化。

厨房、卫生间的地面材料选择和做法的实施应当考虑便于清洁这一因素，以适应厨房、卫生间的特定要求。要使地面材料有一定防水和防油污的特性，做法上要考虑灰尘不易附着于构造缝之间，否则难以清除。

图纸部分

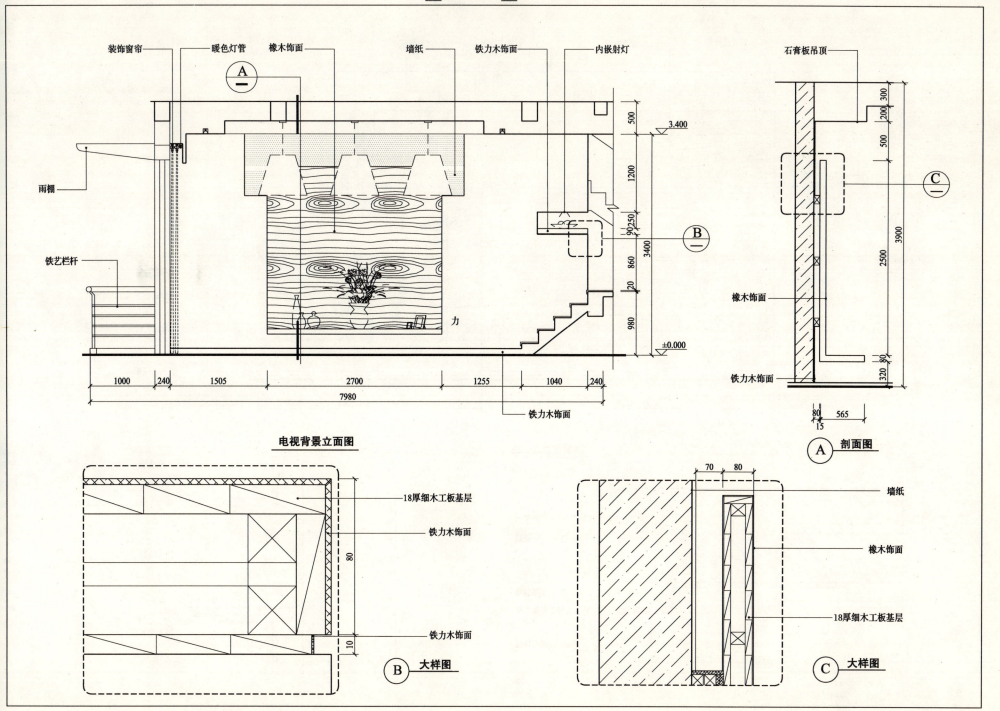

五 居住空间 1 客厅

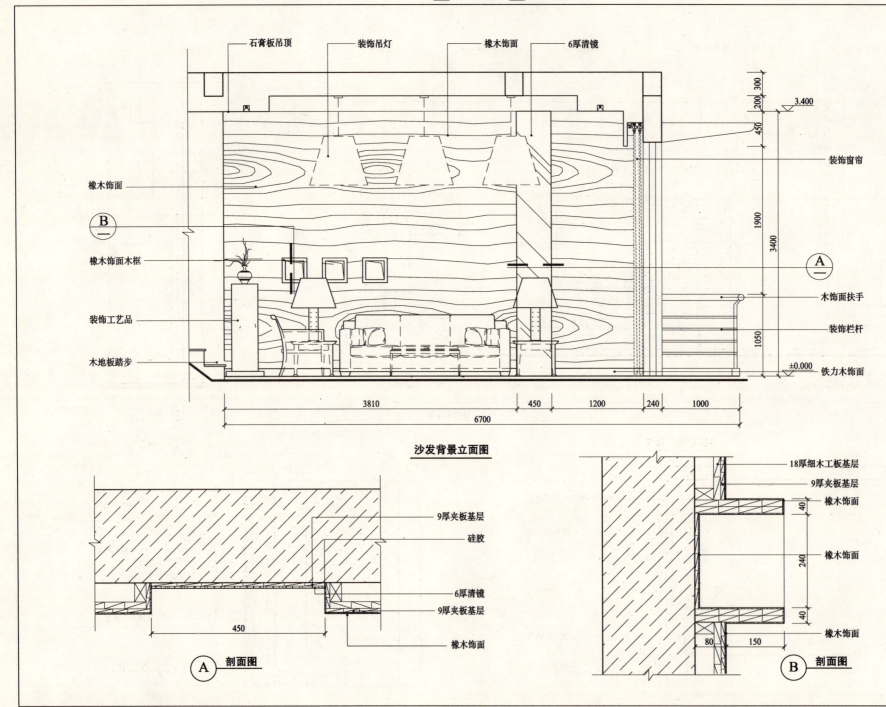

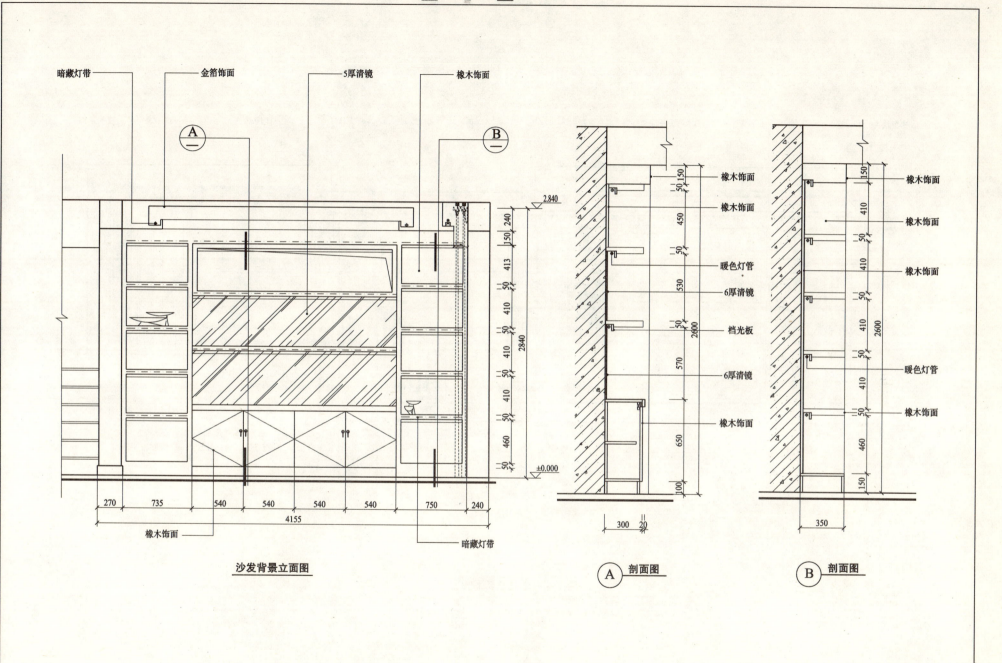

五 居住空间 1 客 厅

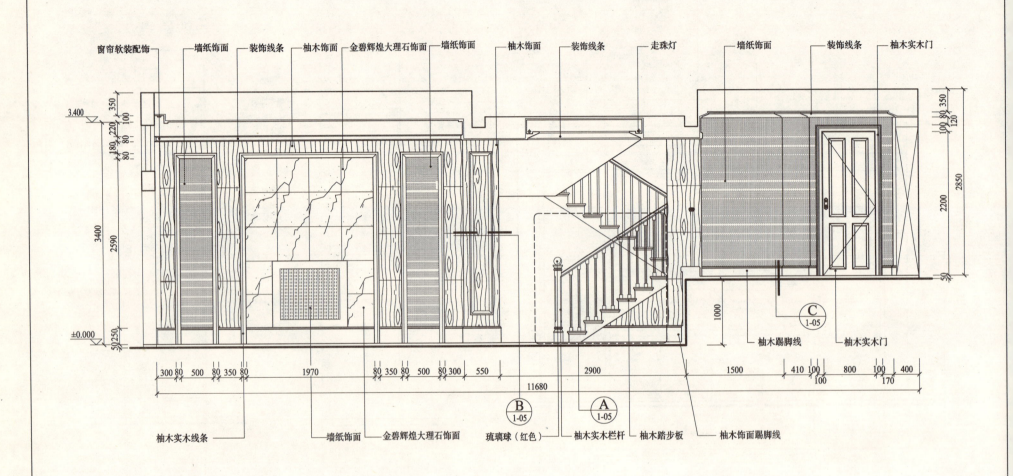

客厅背景立面图

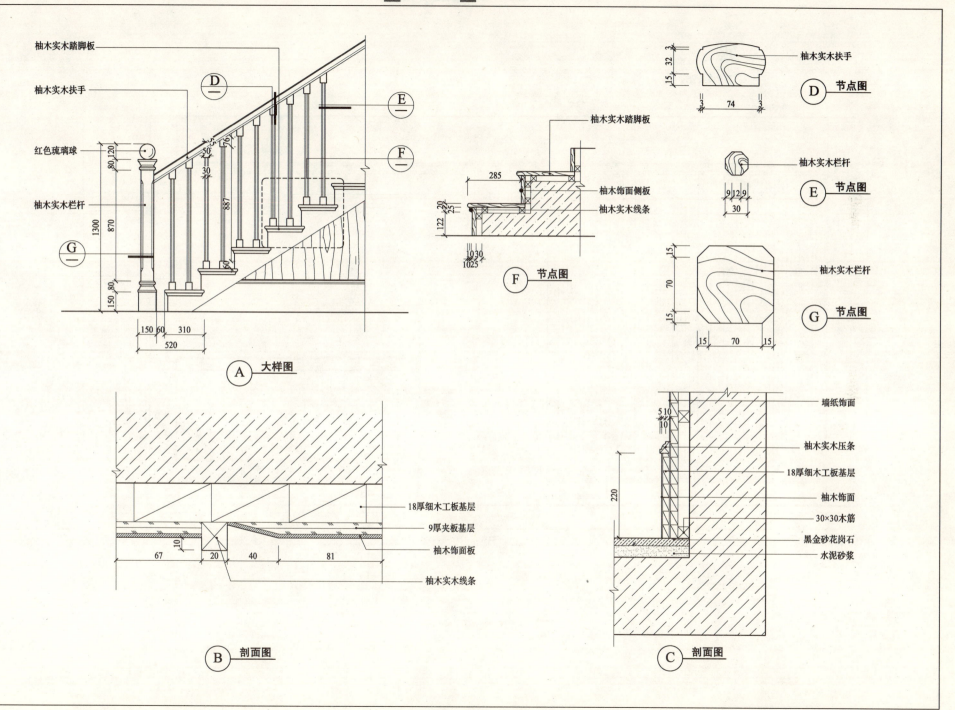

五 居住空间 1 客 厅

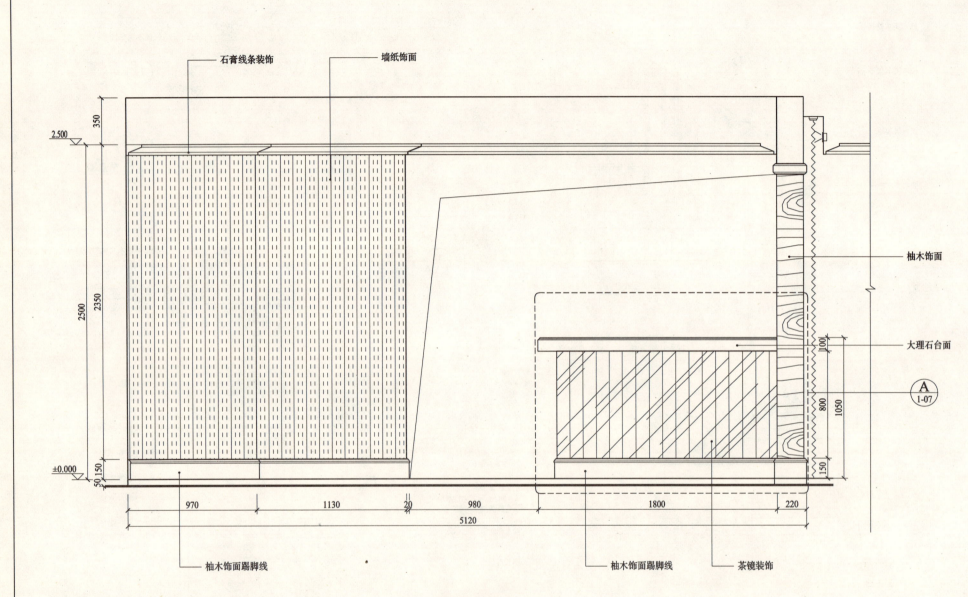

客厅立面图

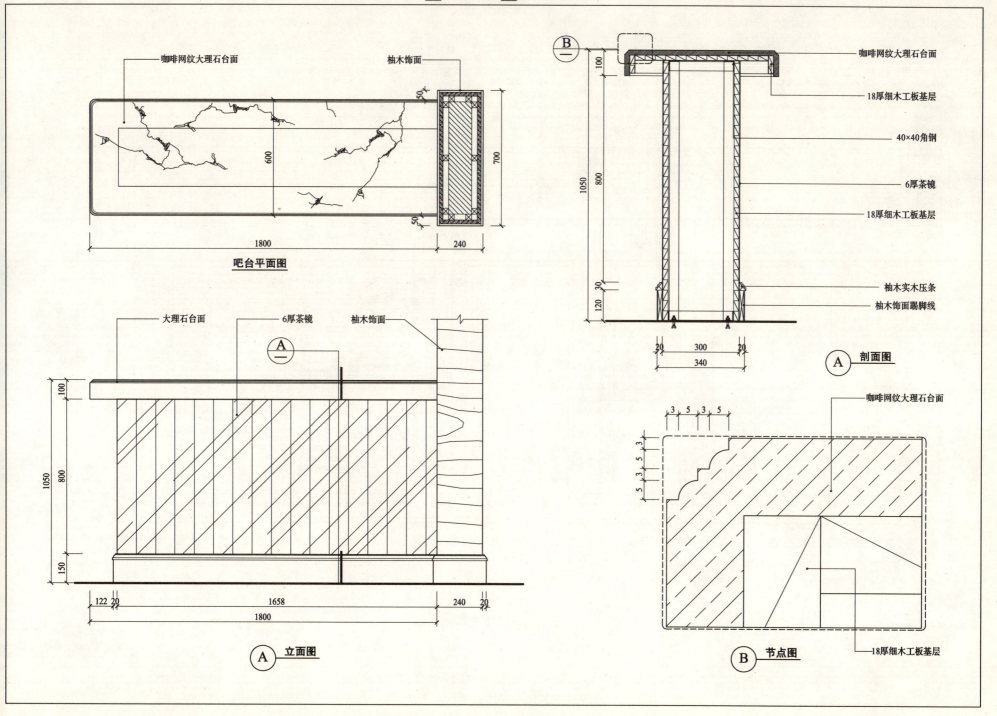

五 居住空间 1 客厅

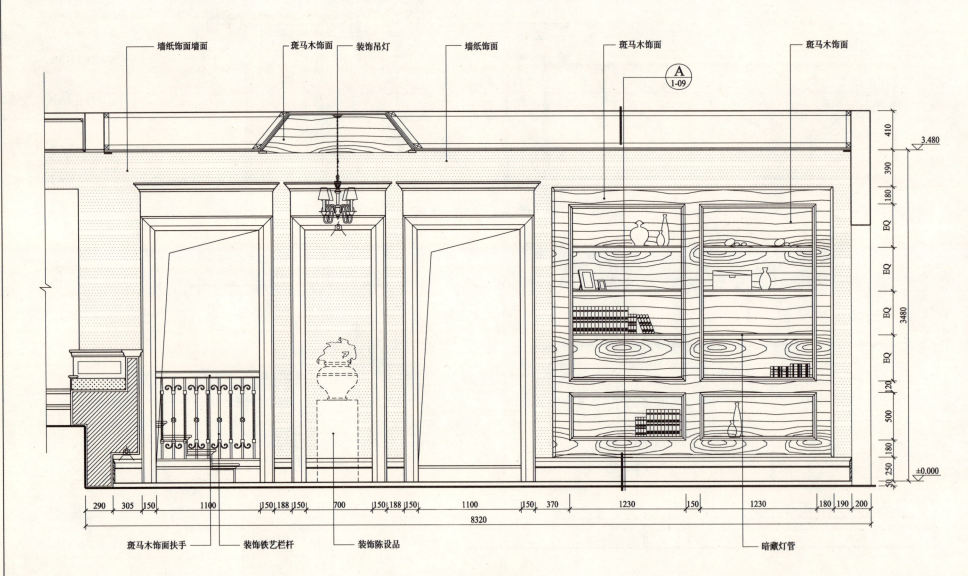

客厅立面图

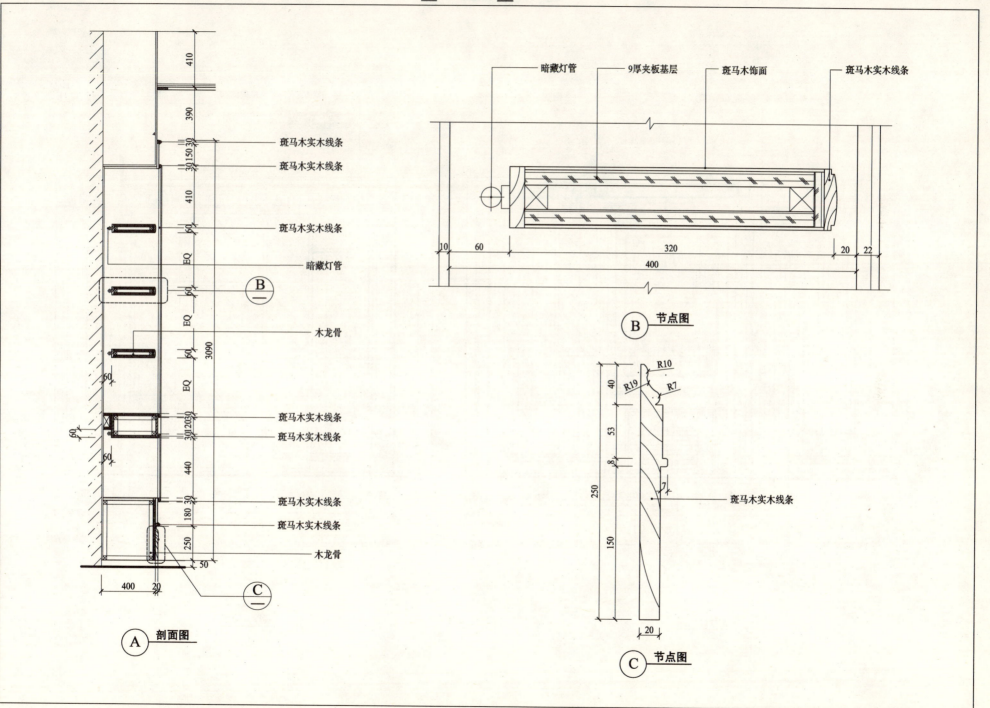

五 居住空间 1 客 厅

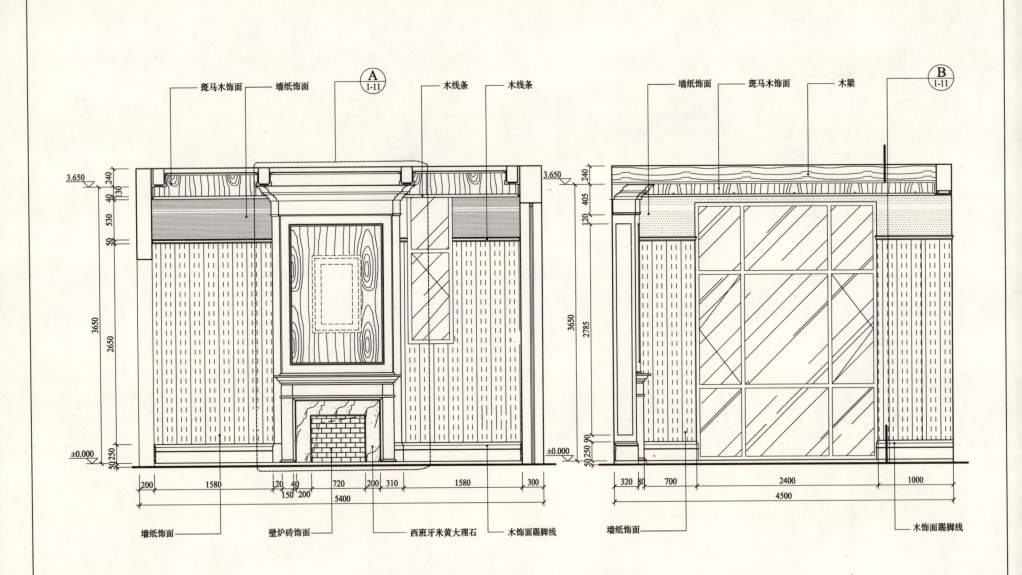

客厅立面图

客厅立面图

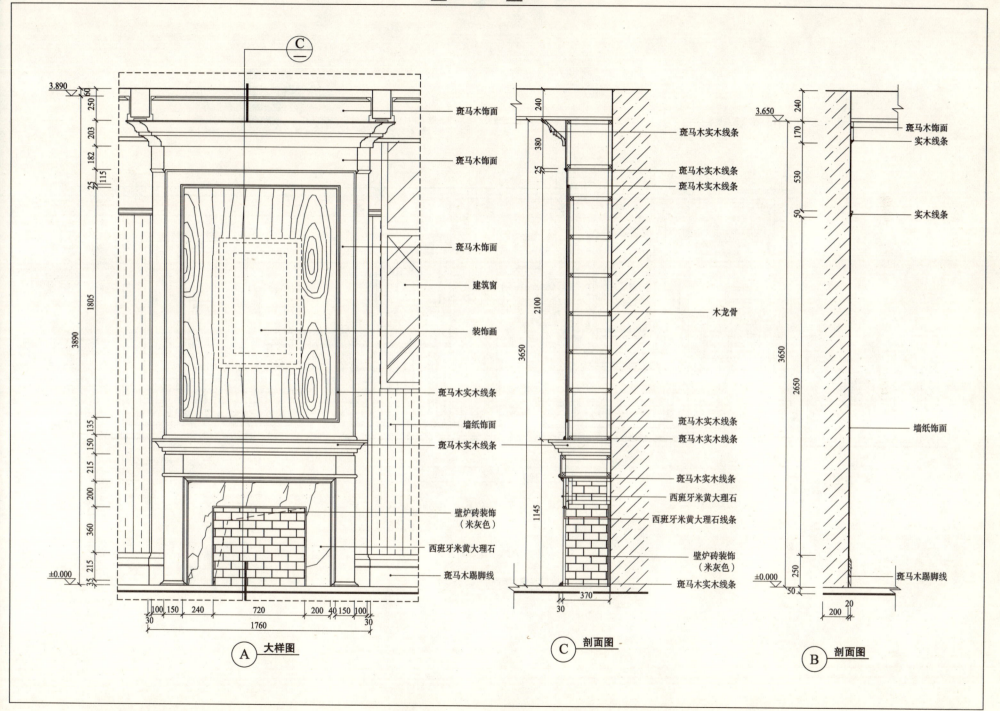

五 居住空间 1 客 厅

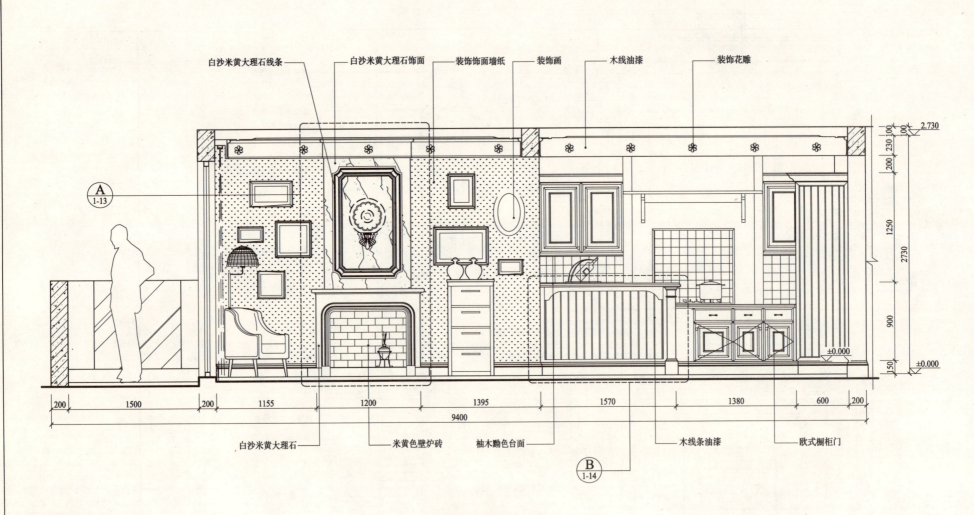

客厅背景立面图

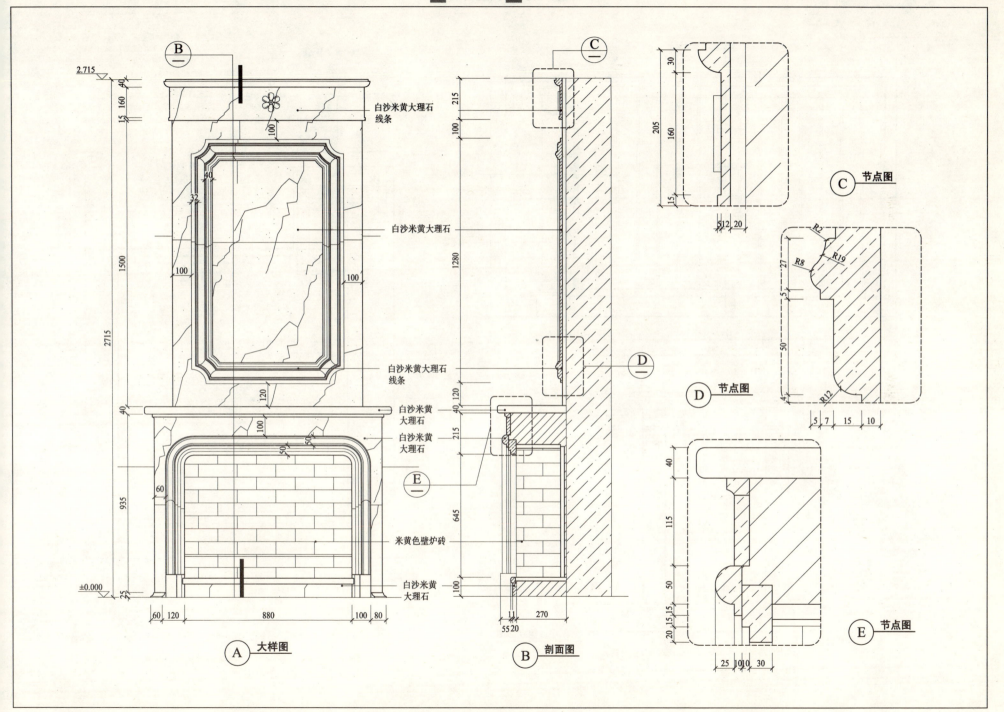

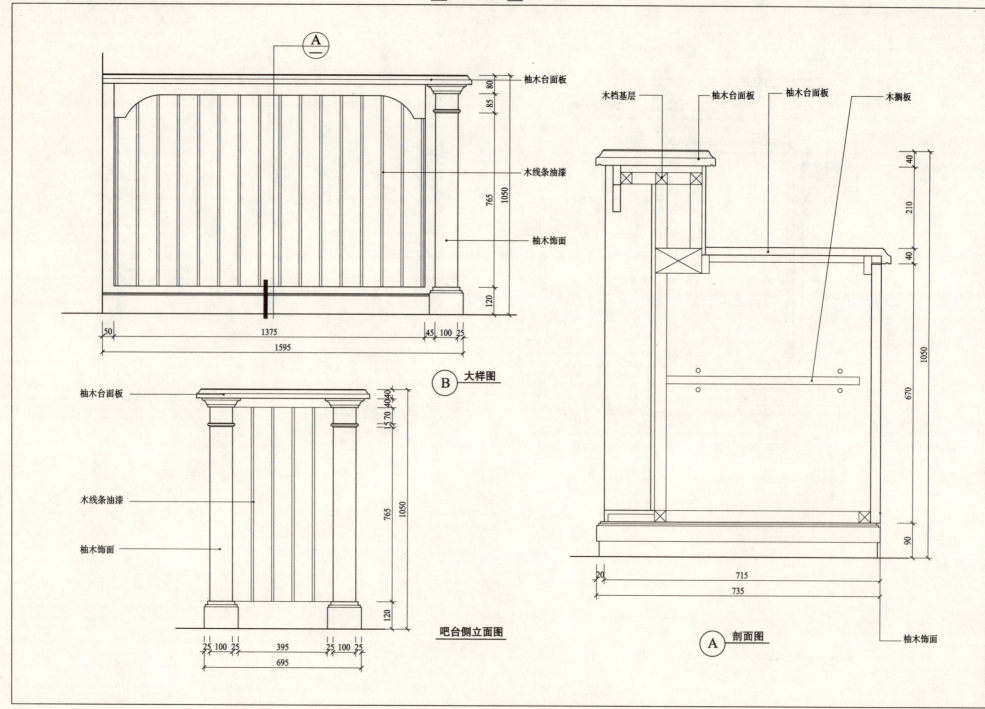

五 居住空间 1 客厅

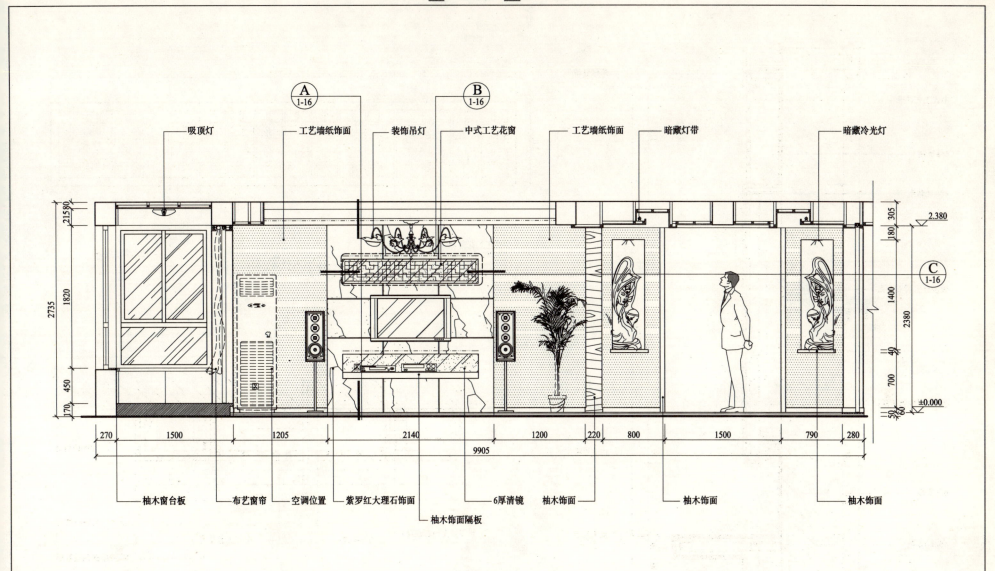

客厅立面图

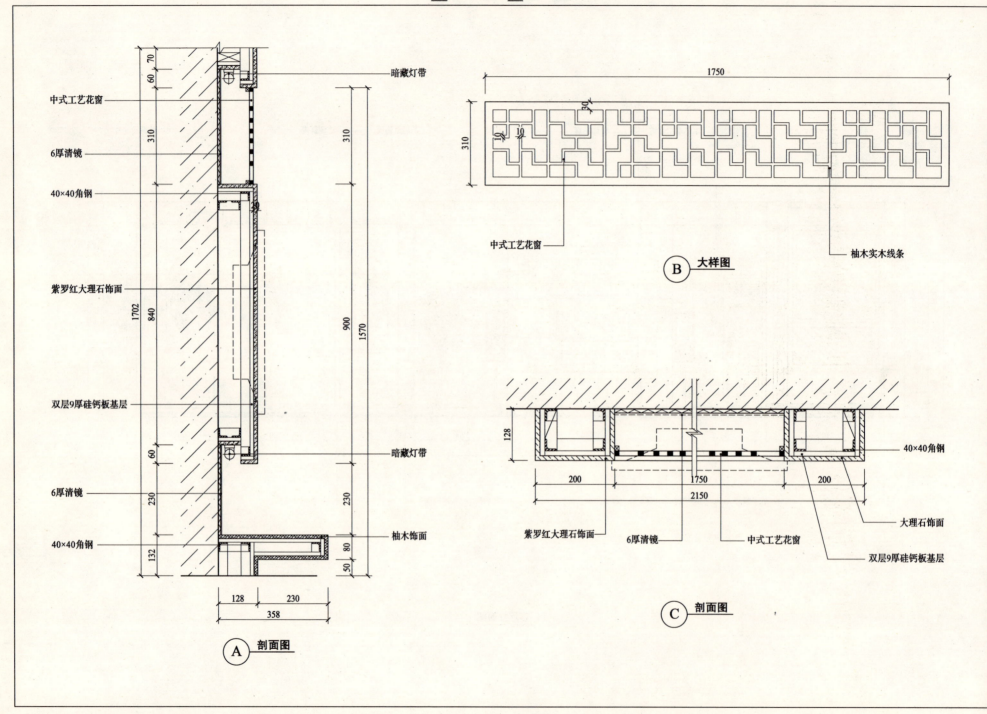

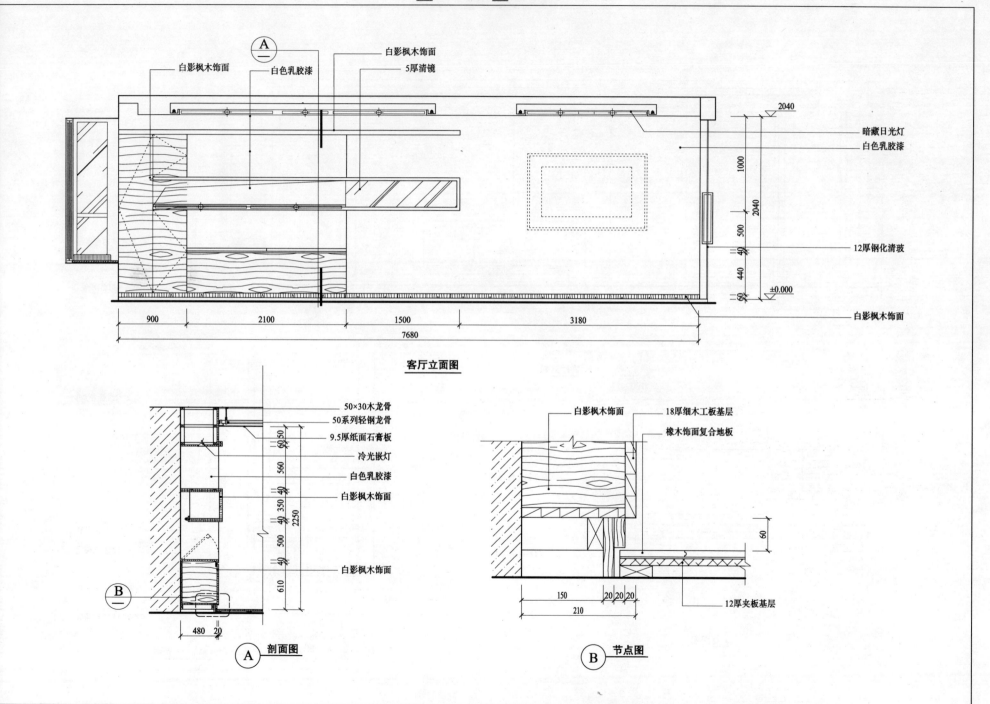

五 居住空间 1 客厅

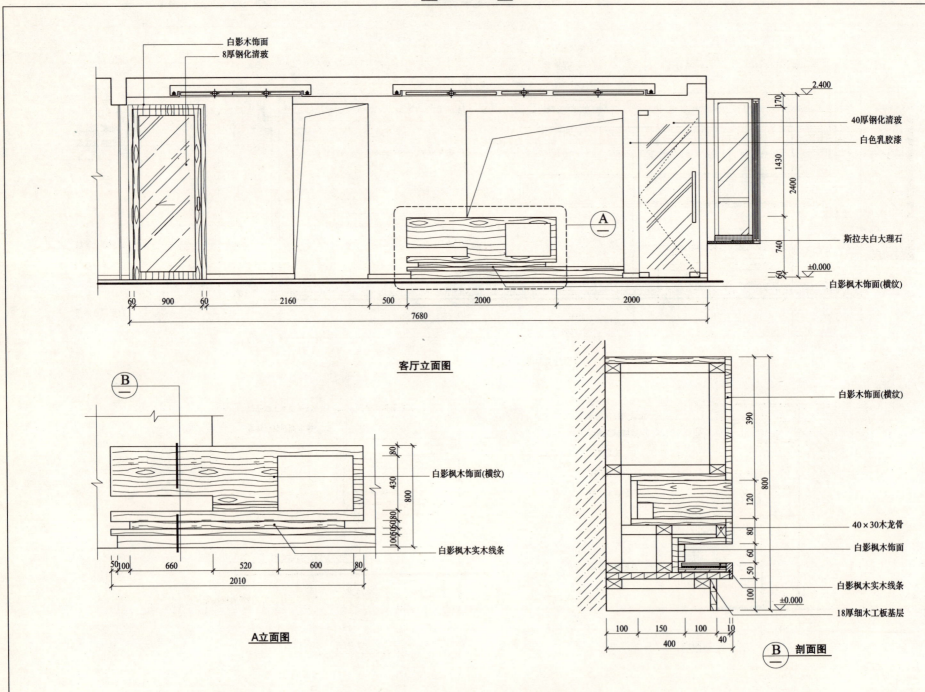

五 居住空间 1 客 厅

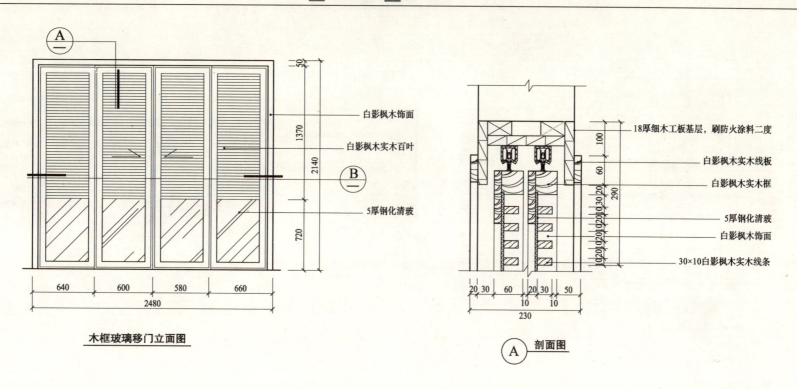

木框玻璃移门立面图

A 剖面图

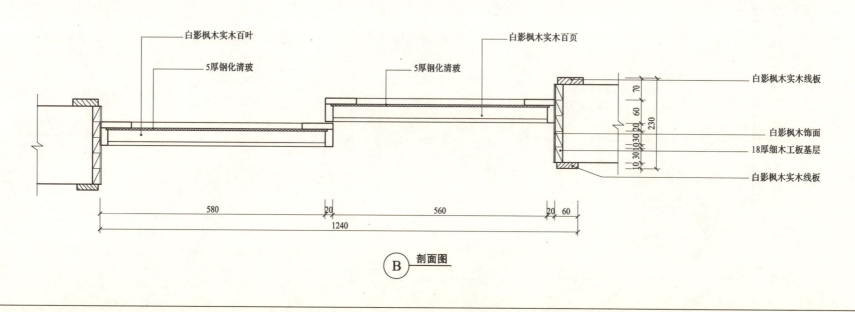

B 剖面图

五 居住空间　1 客厅

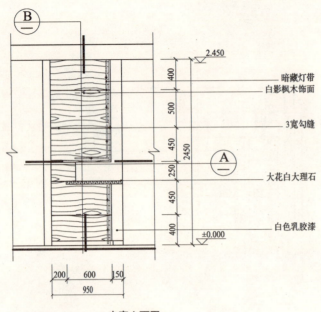

走廊立面图

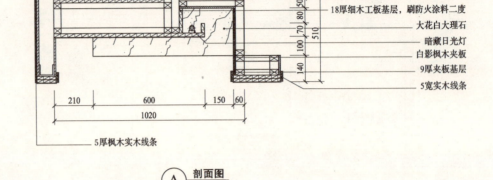

A 剖面图

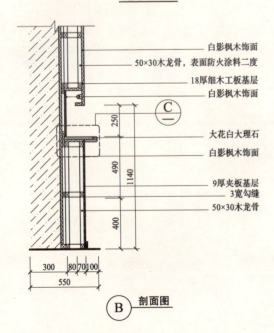

B 剖面图

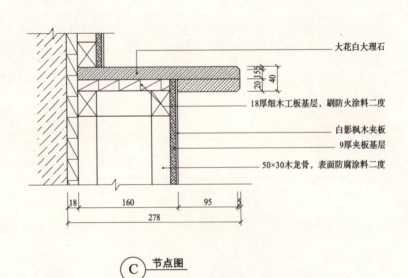

C 节点图

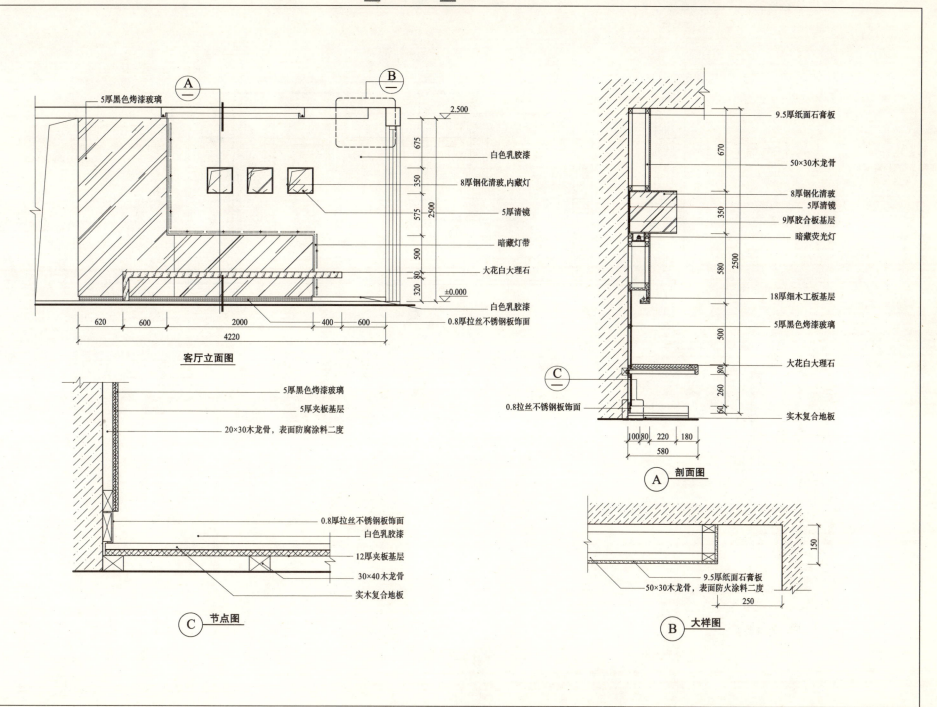

五 居住空间 1 客 厅

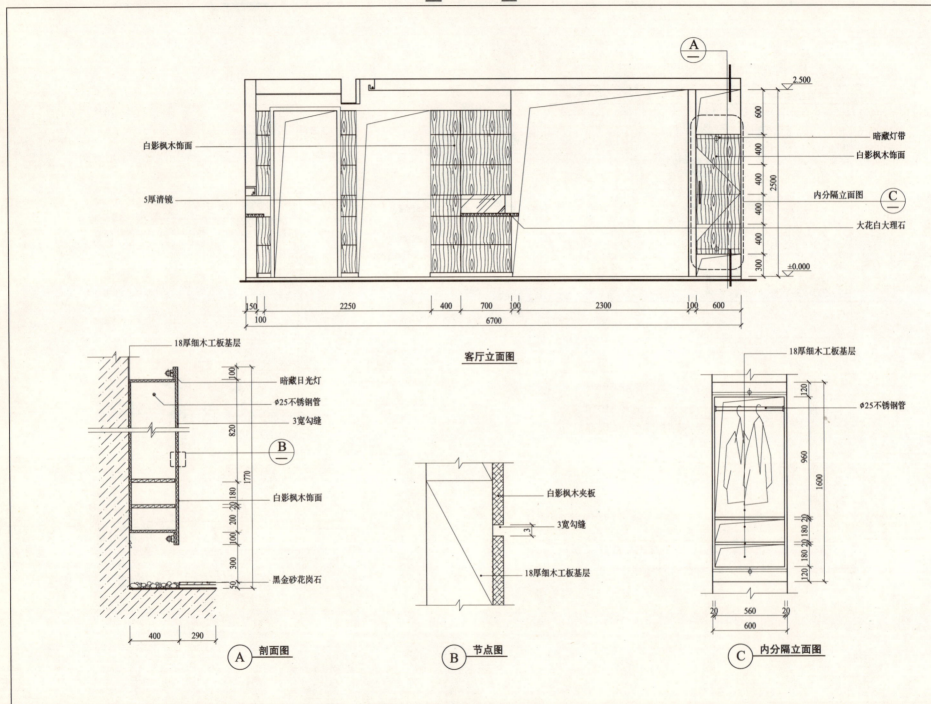

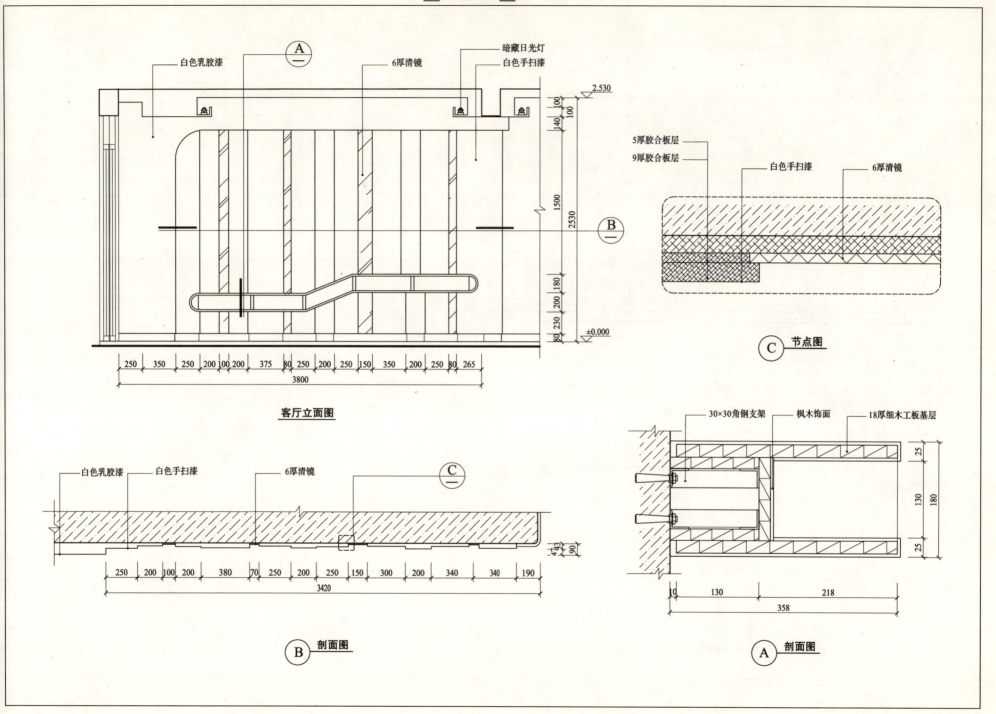

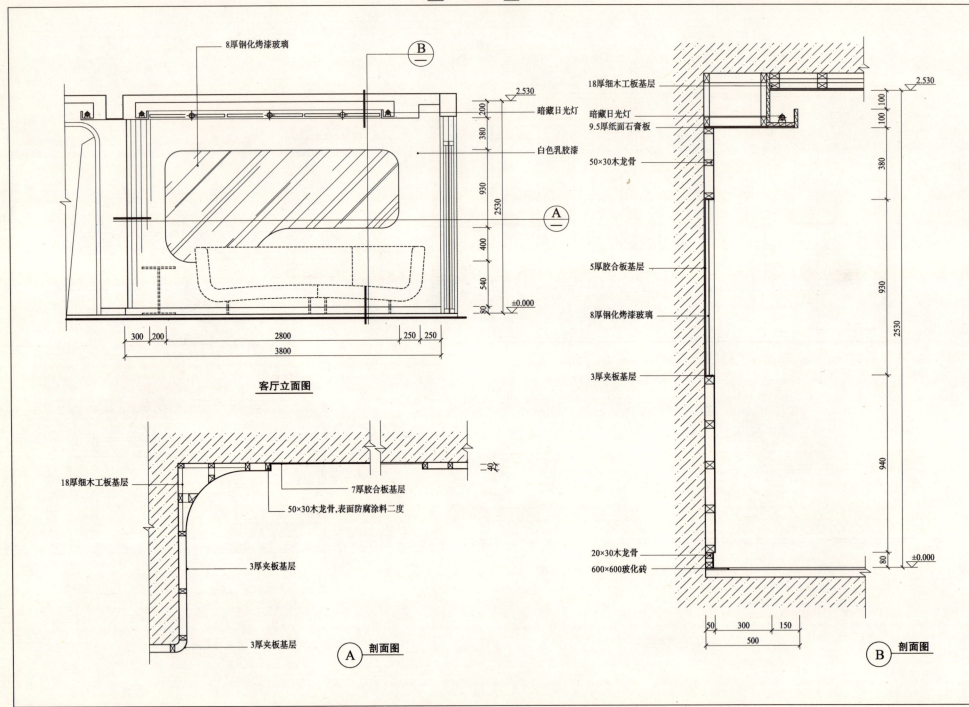

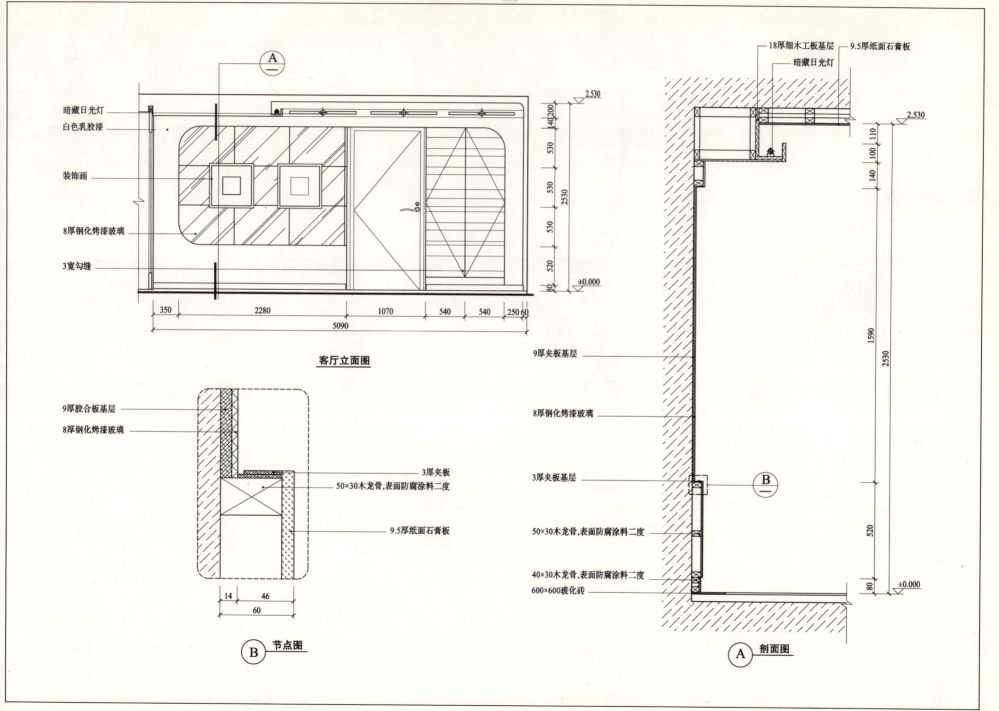

五 居住空间 1 客 厅

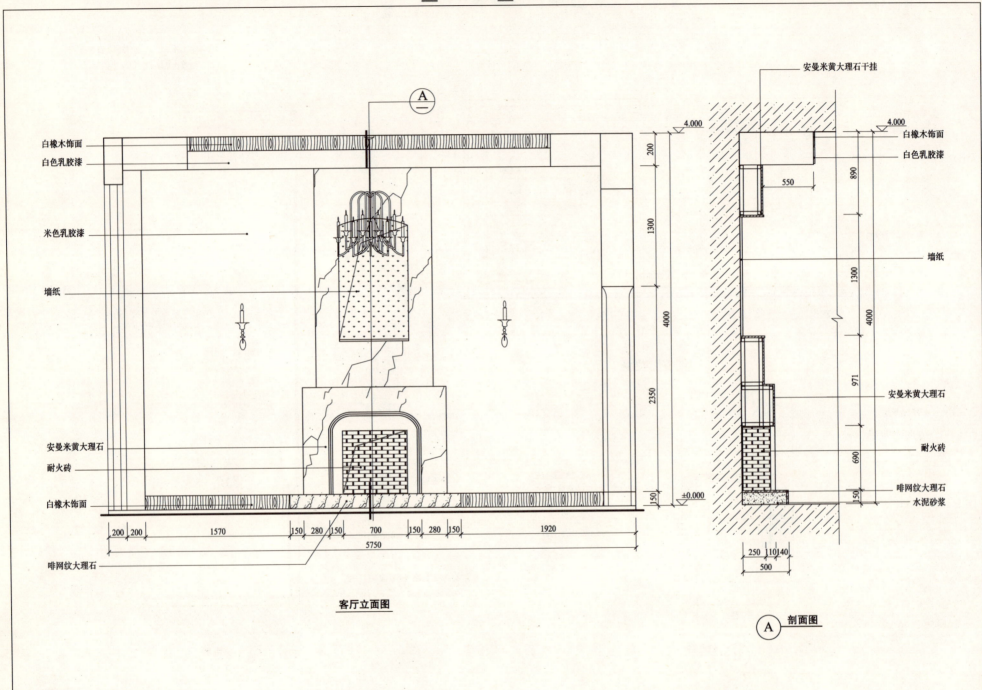

客厅立面图

A 剖面图

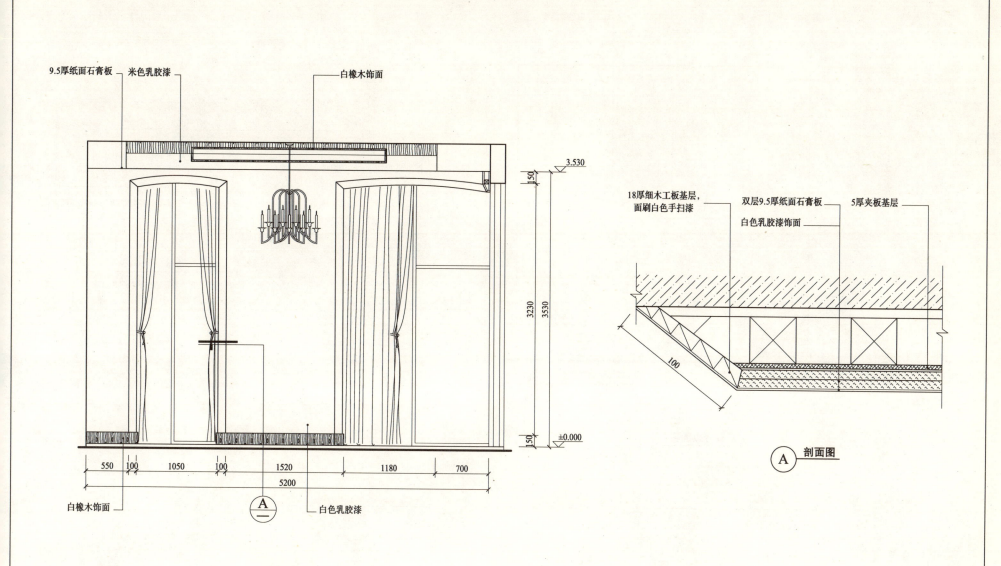

客厅立面图

五 居住空间 2 餐 厅

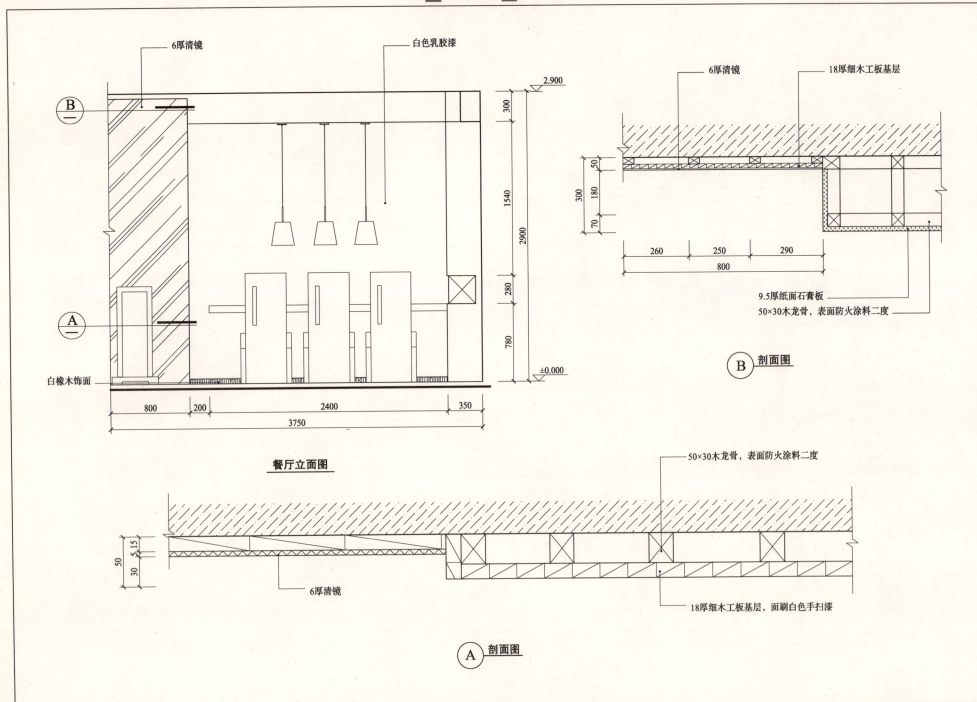

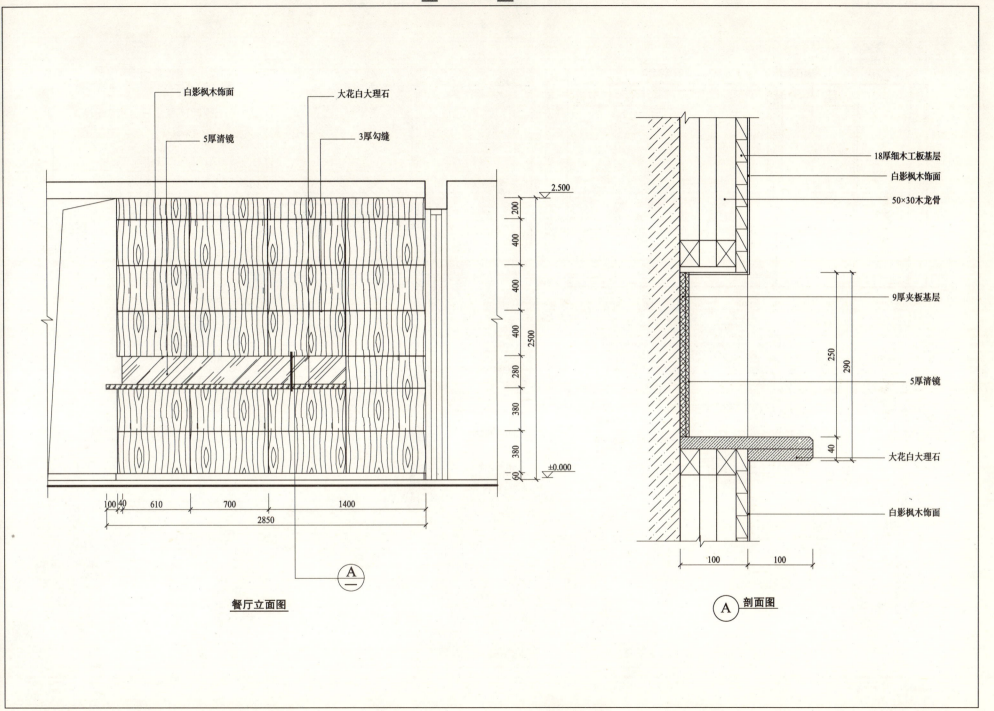

五 居住空间 2 餐 厅

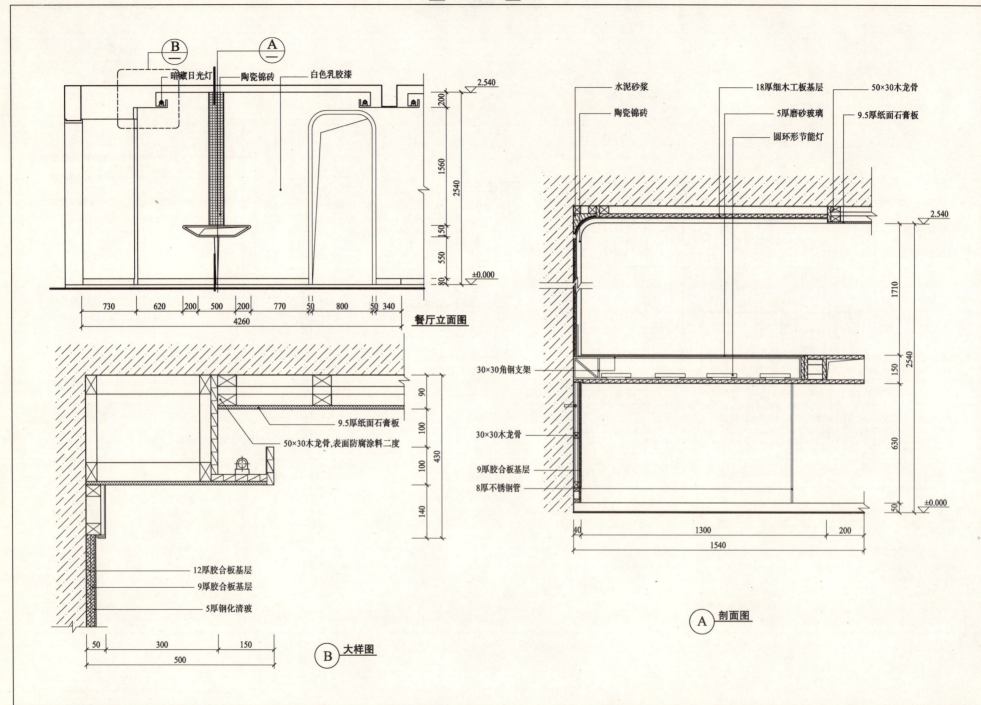

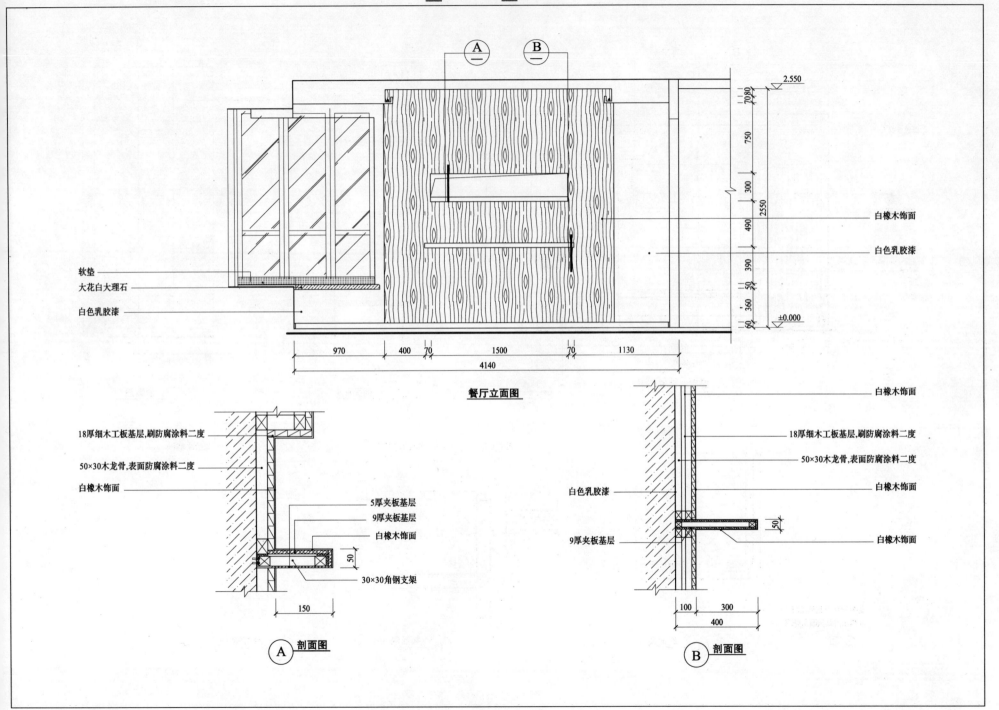

五 居住空间 3 卧 室

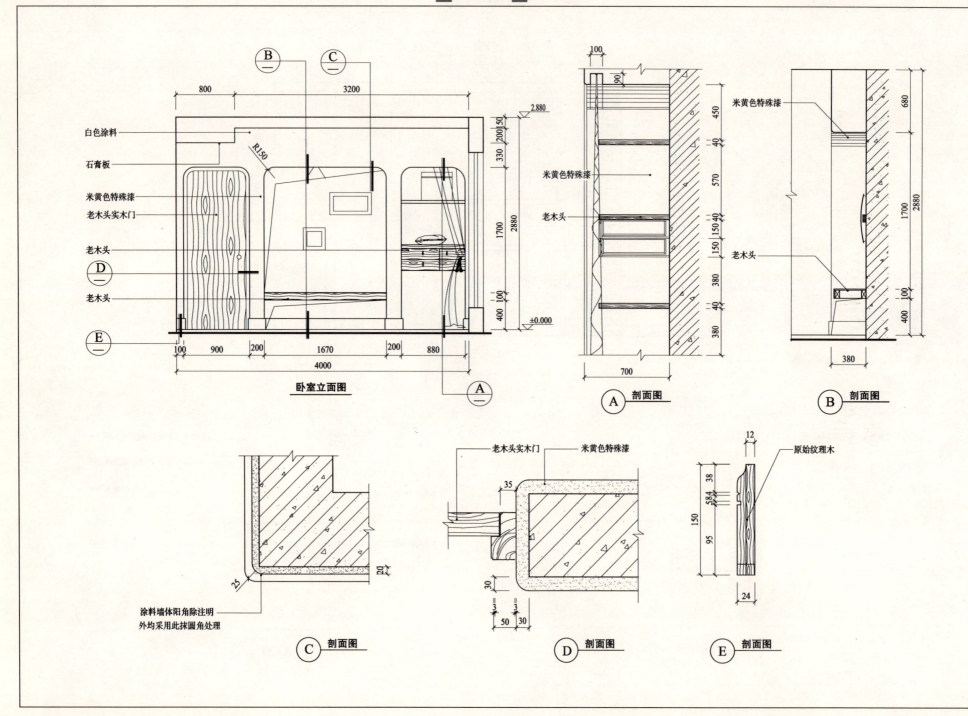

五 居住空间 3 卧 室

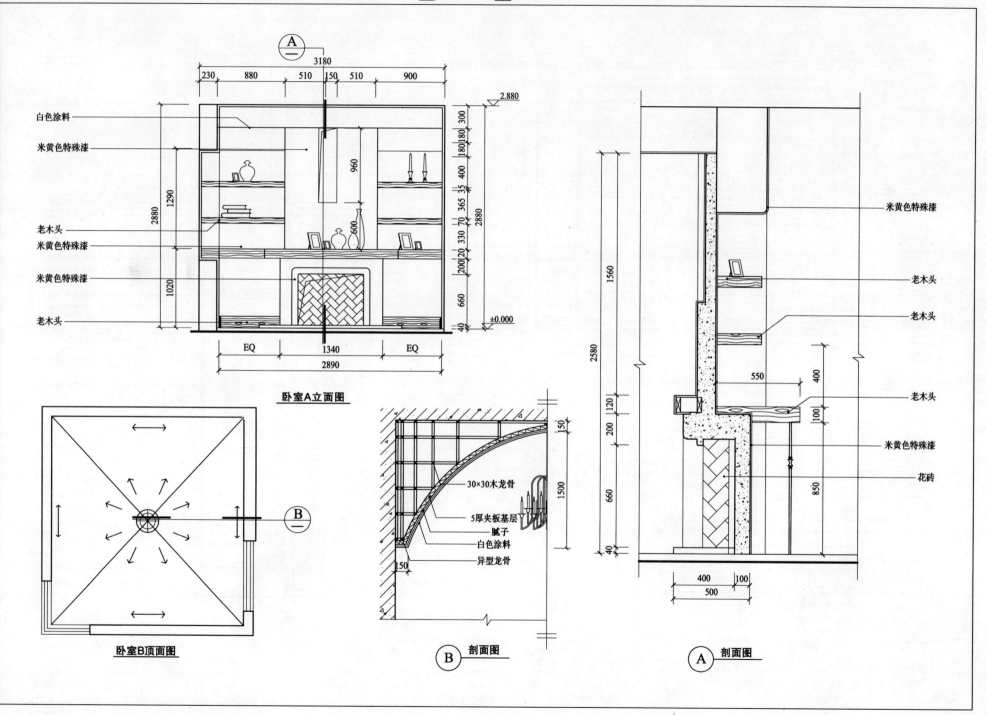

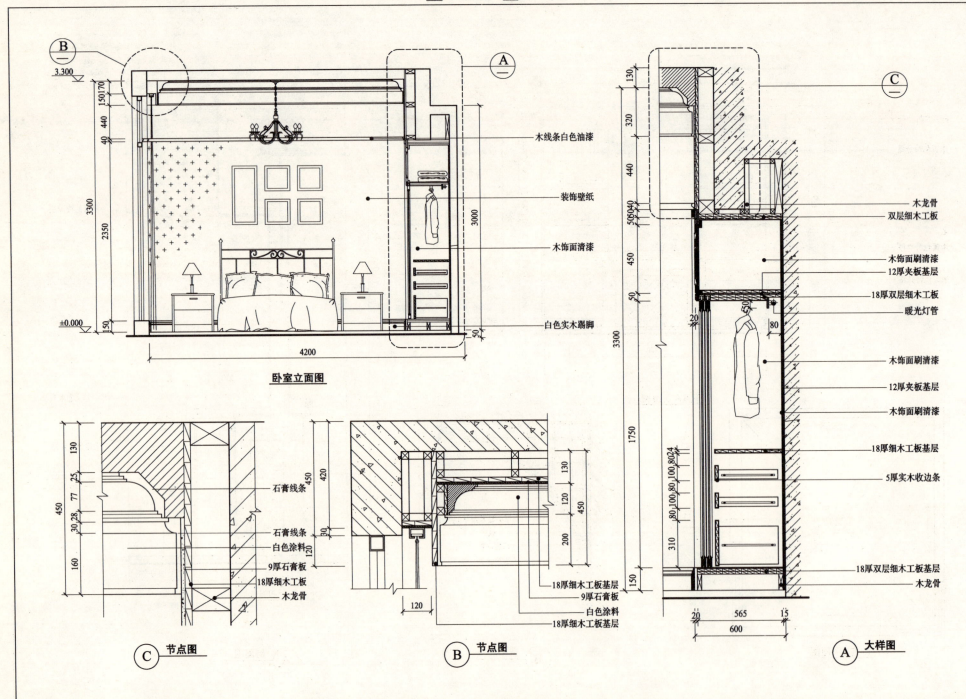

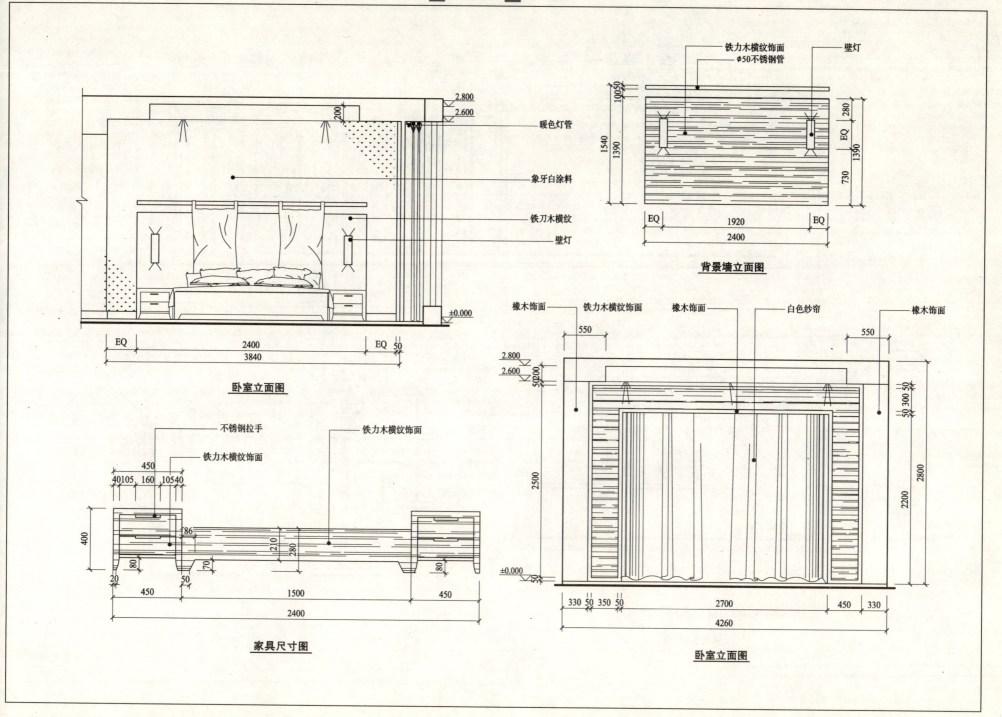

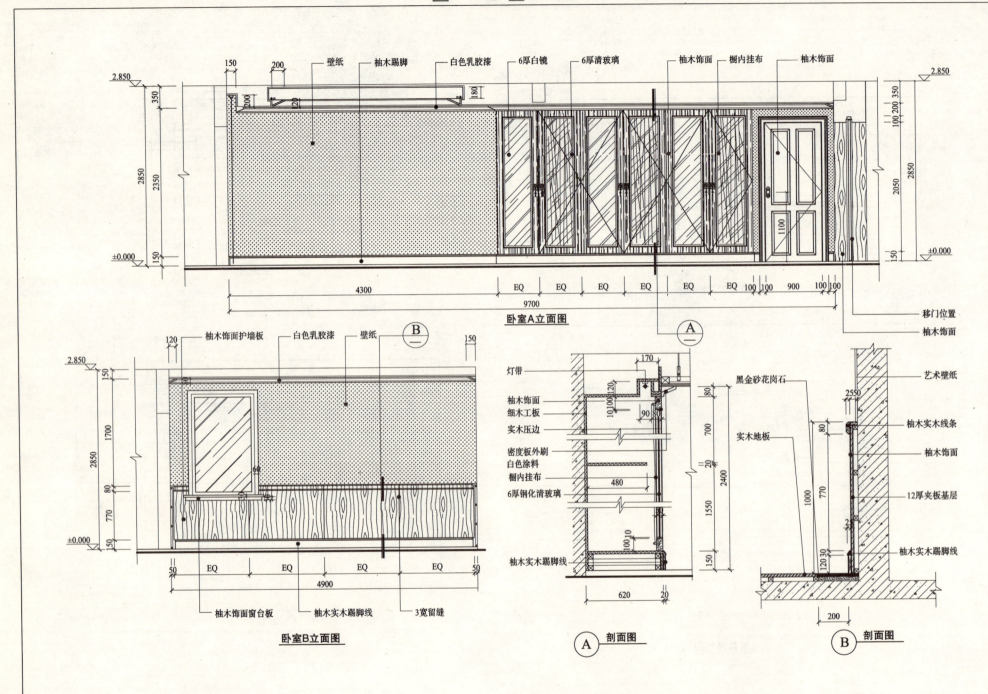

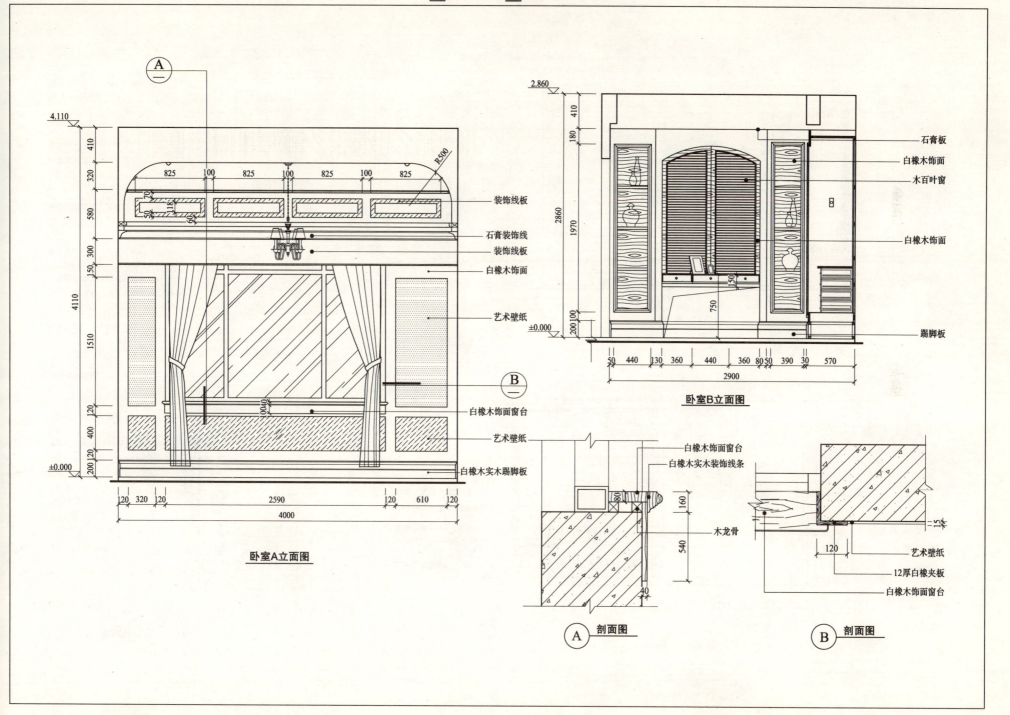

五 居住空间 3 卧 室

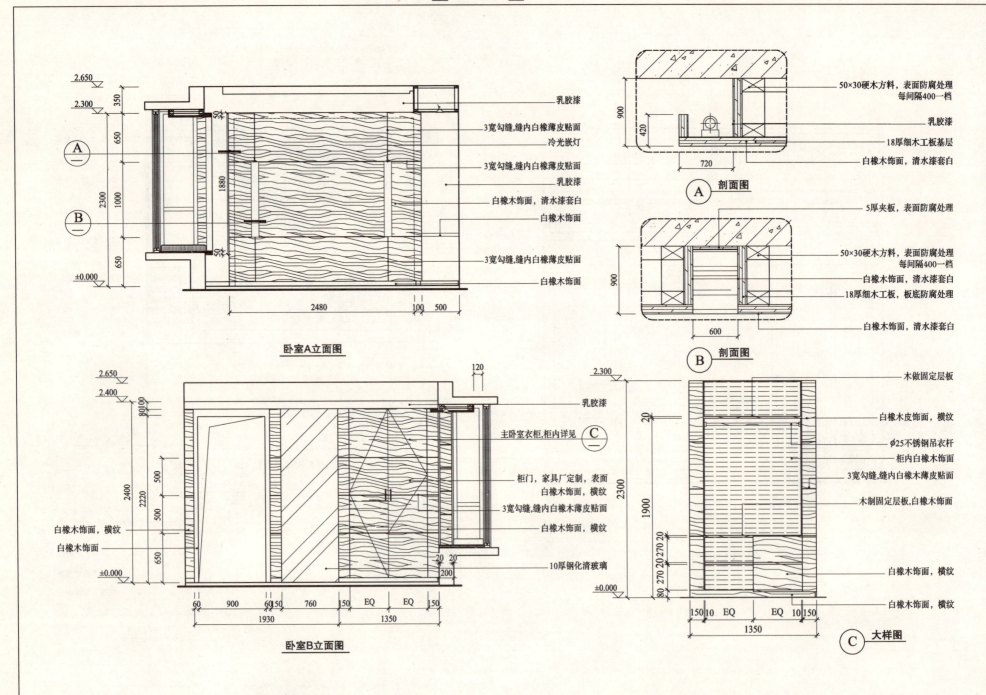

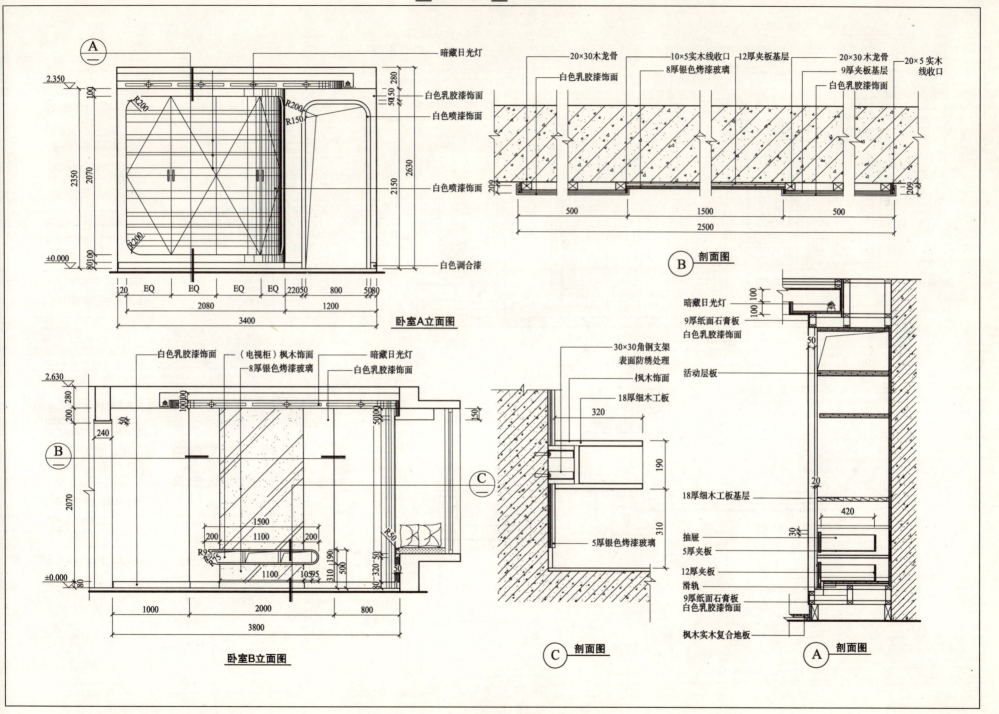

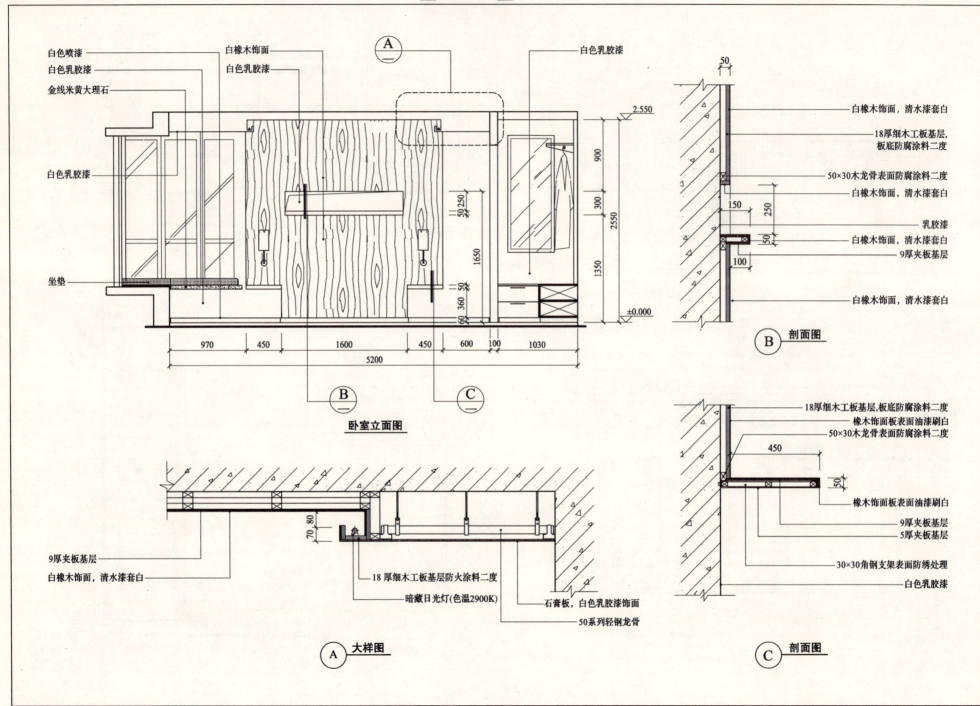

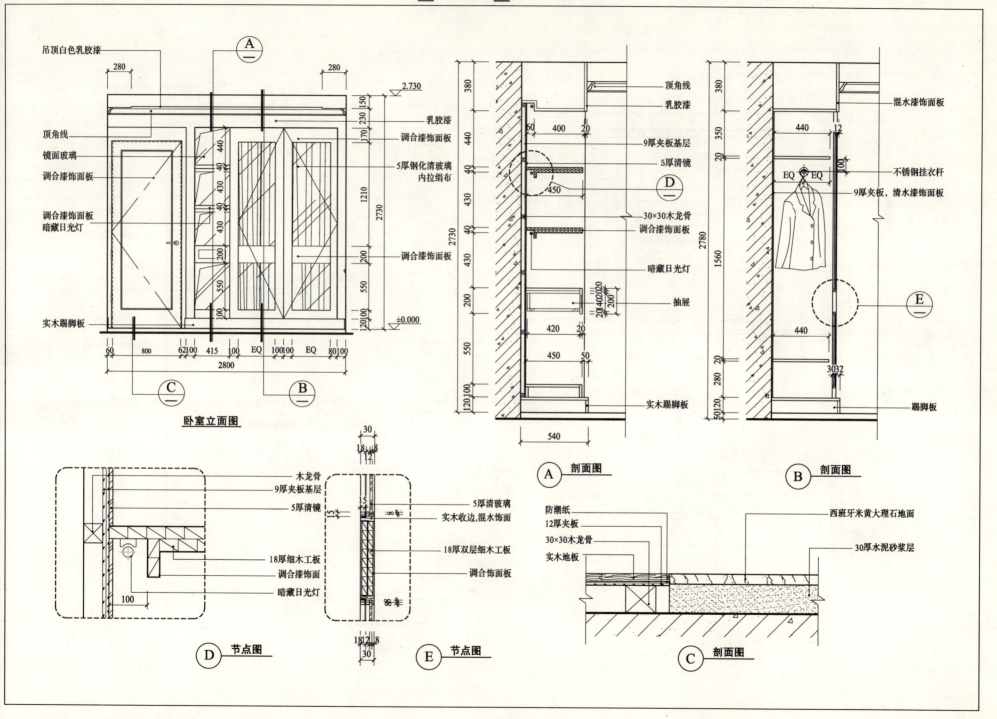

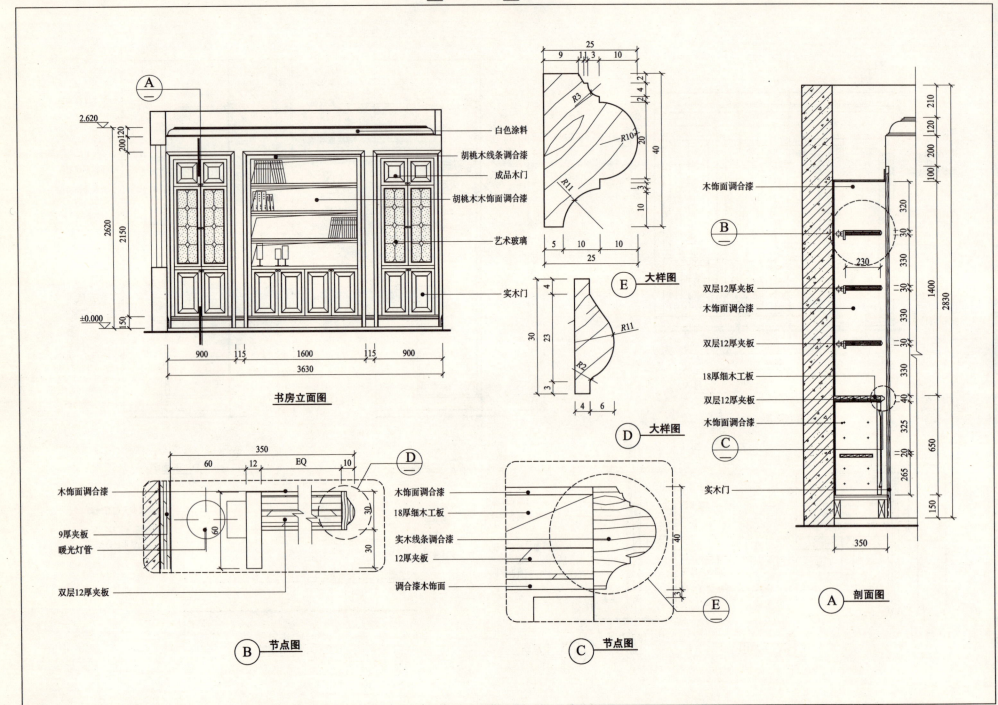

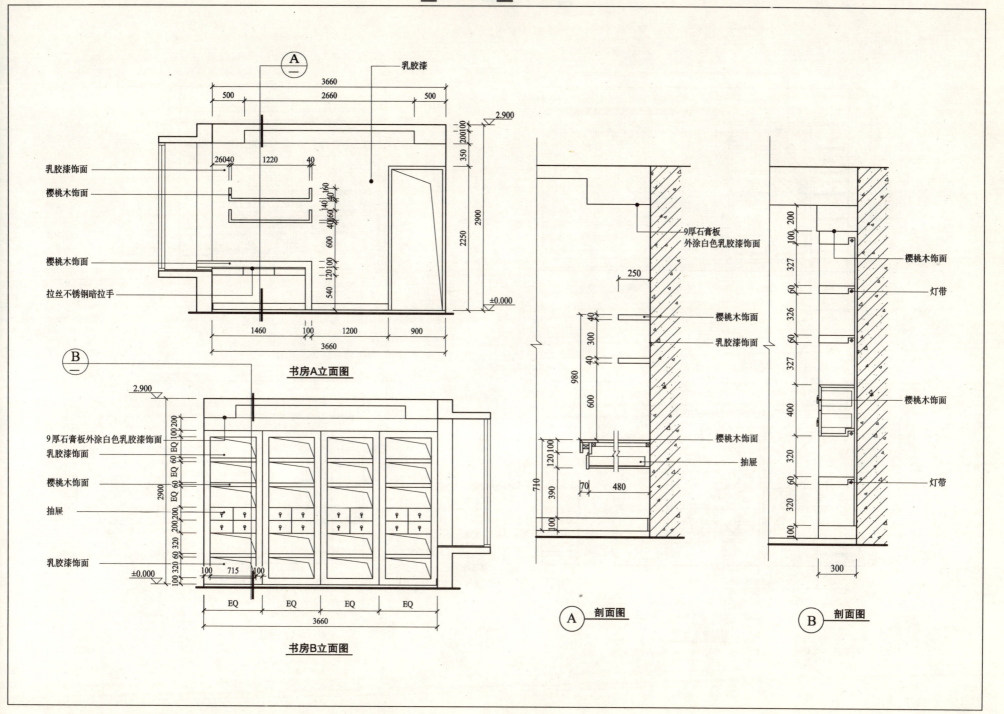

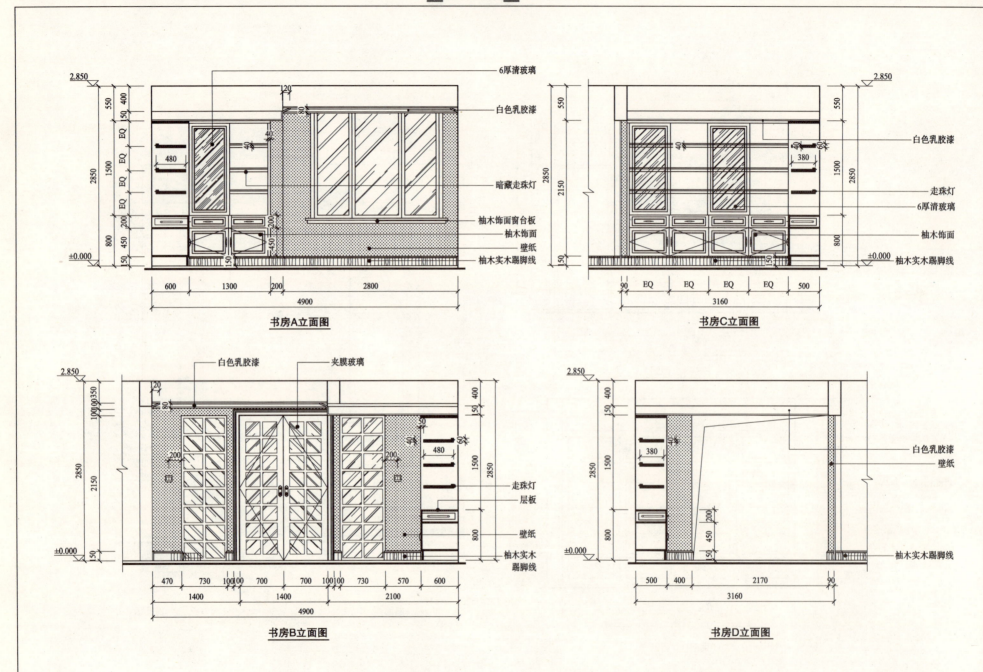

五 居住空间 ④ 书 房

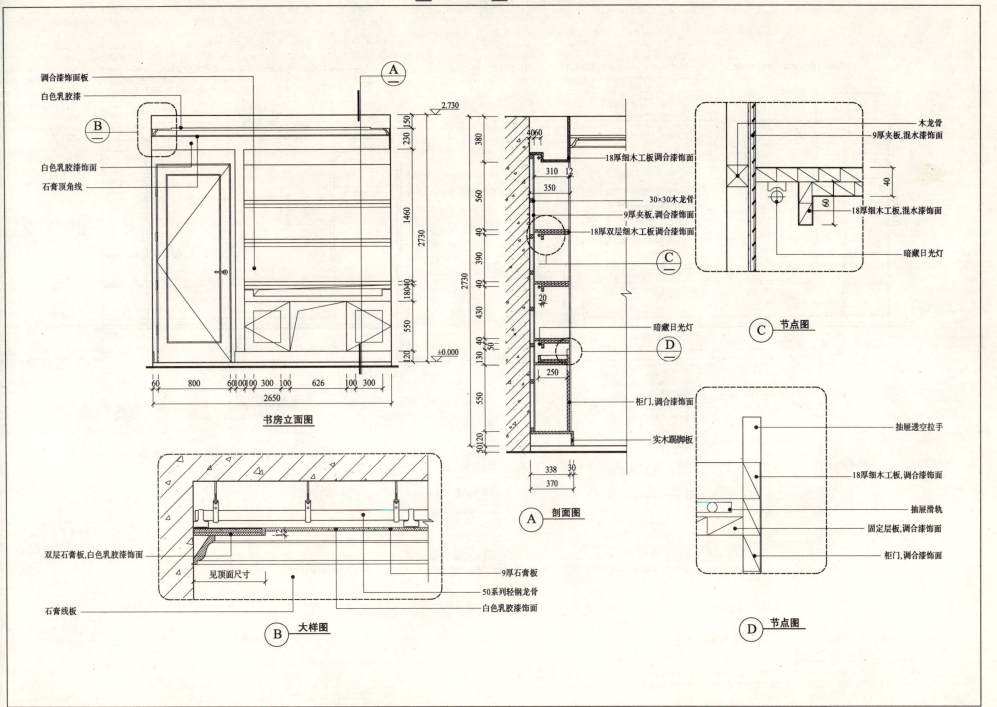

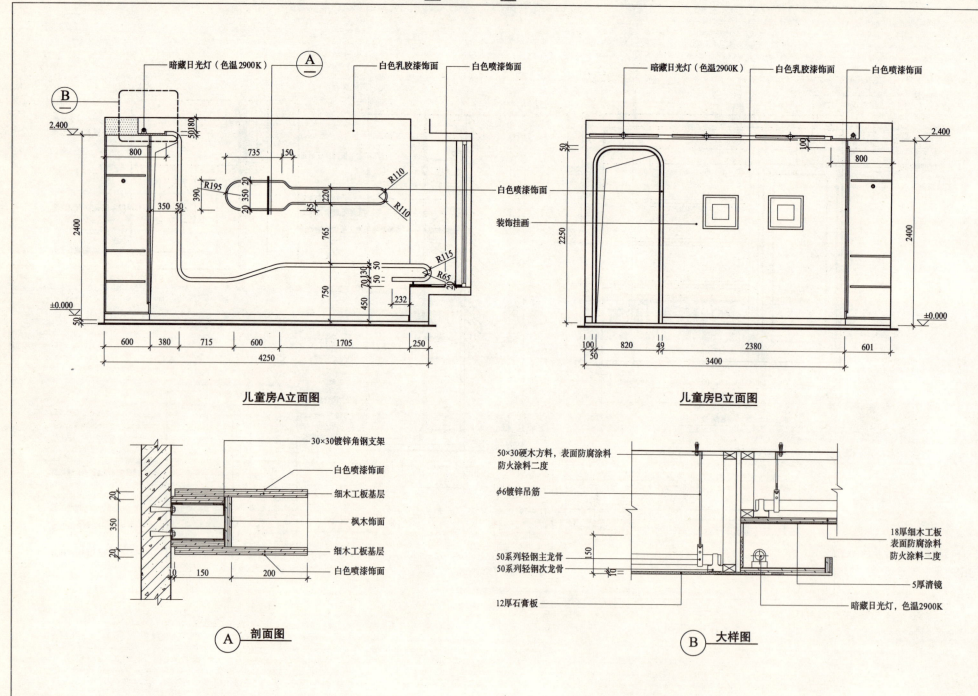

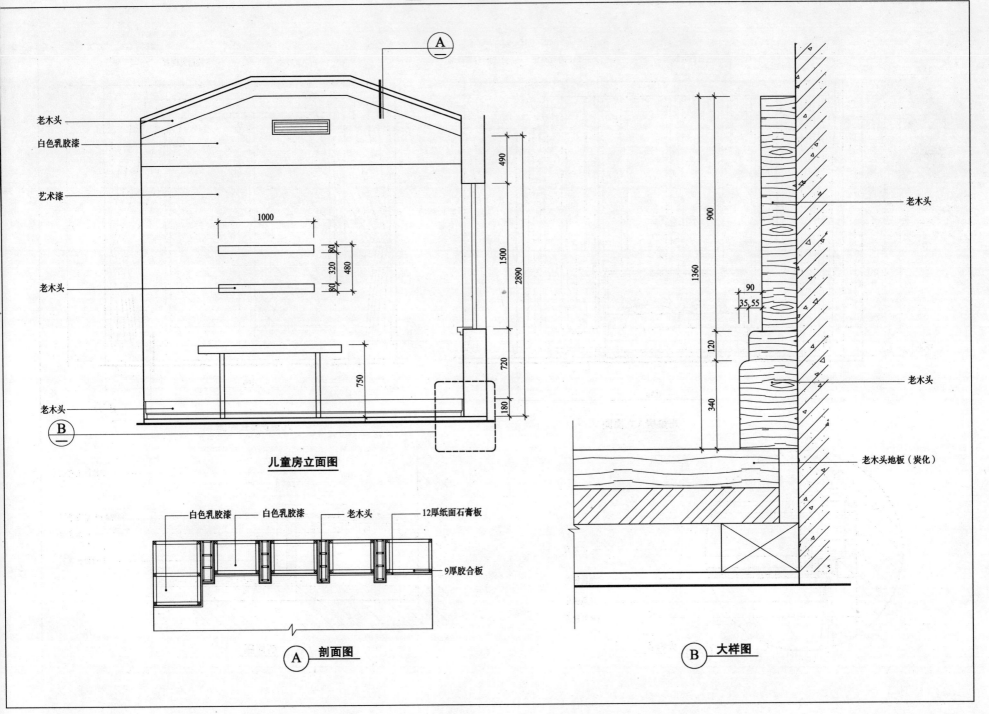

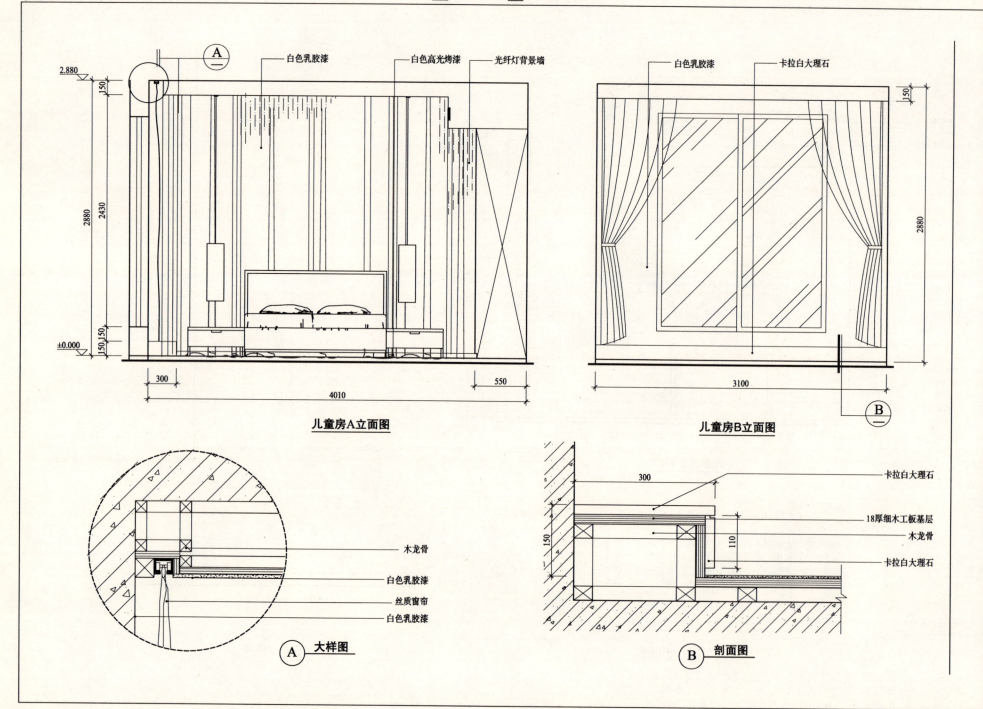

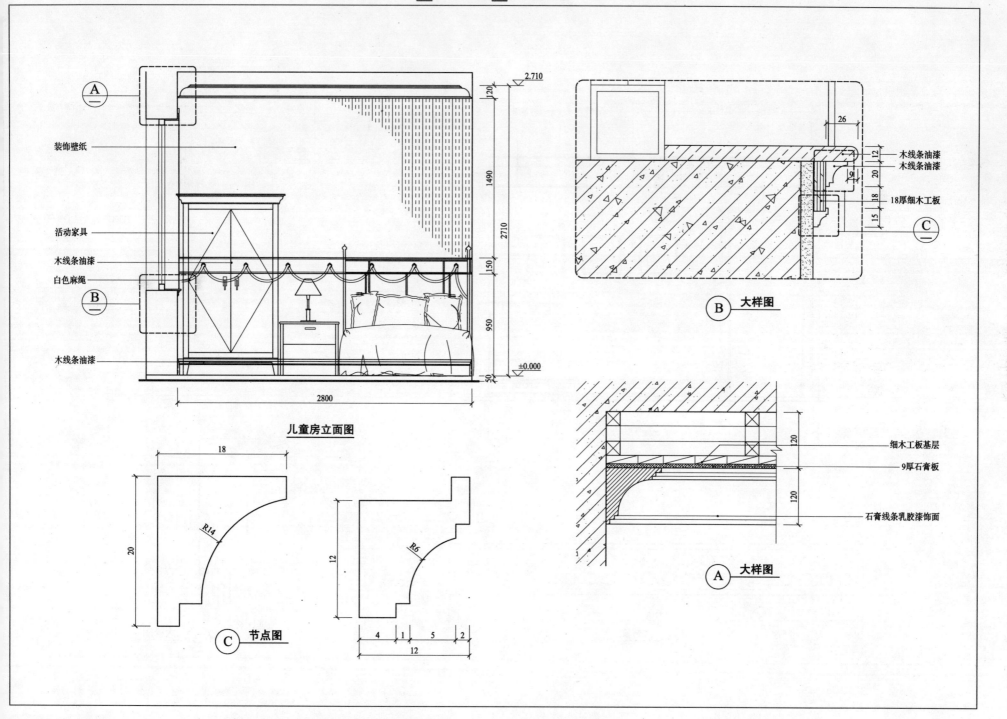

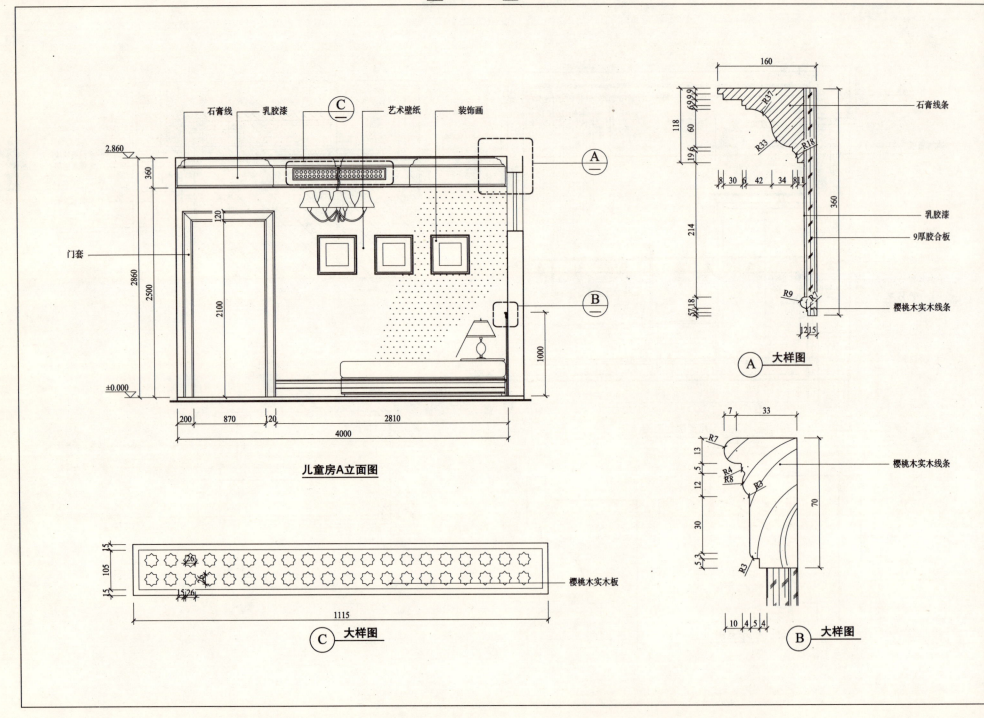

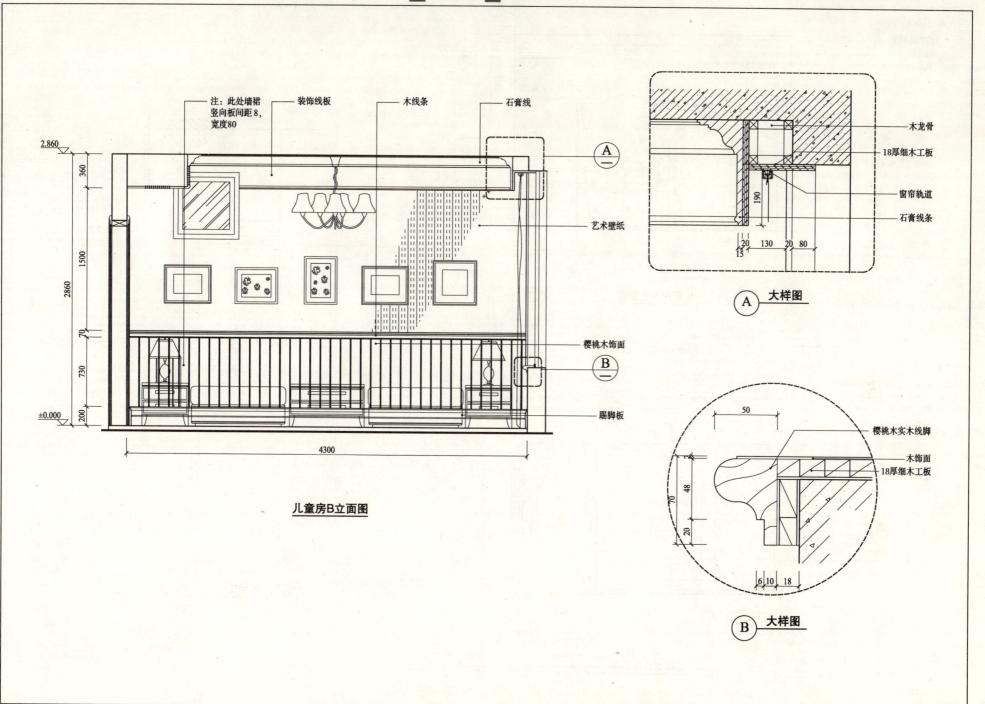

五 居住空间 5 儿童房

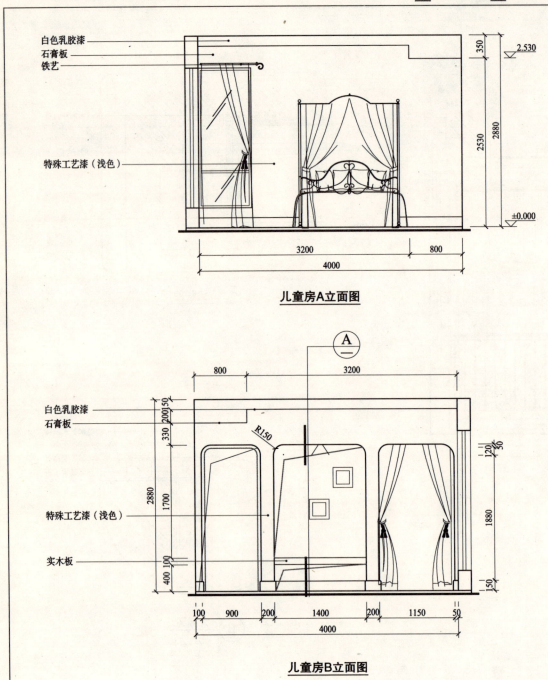

儿童房A立面图

儿童房B立面图

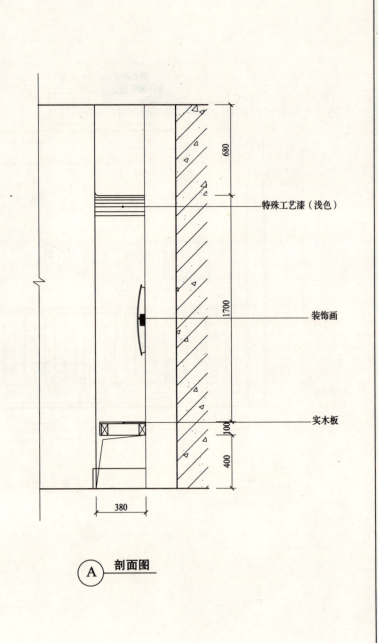

A 剖面图

五 居住空间 6 厨 卫

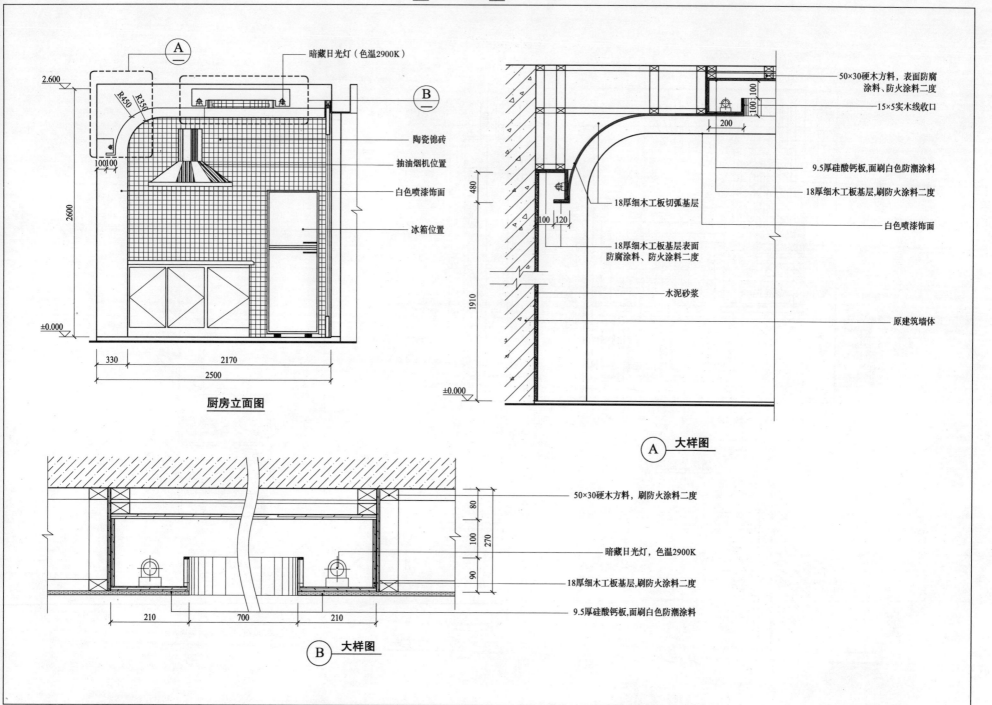

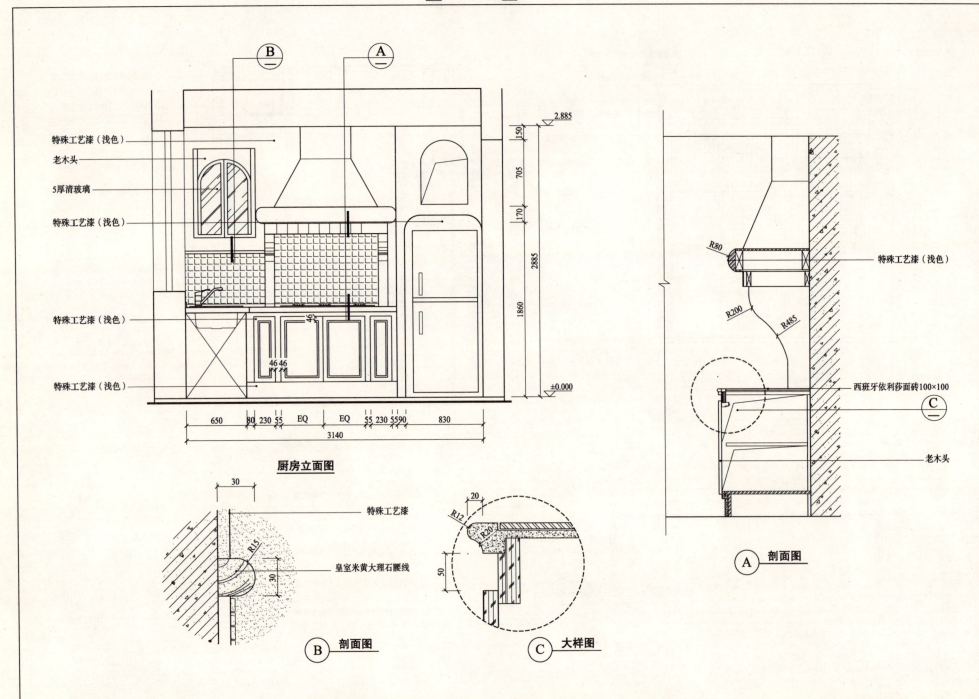

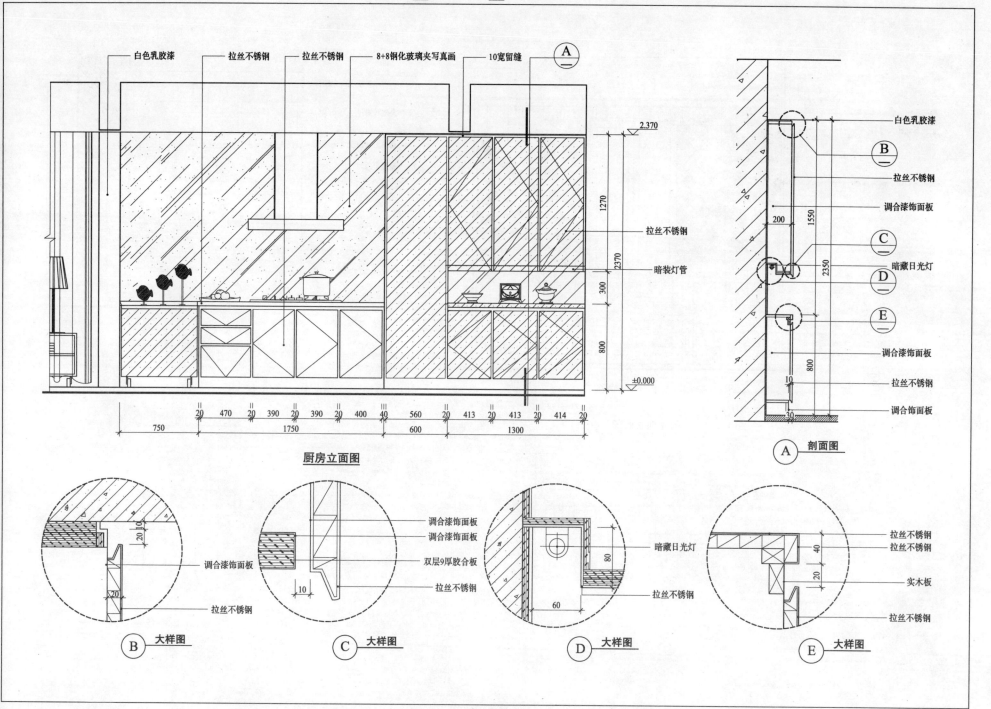

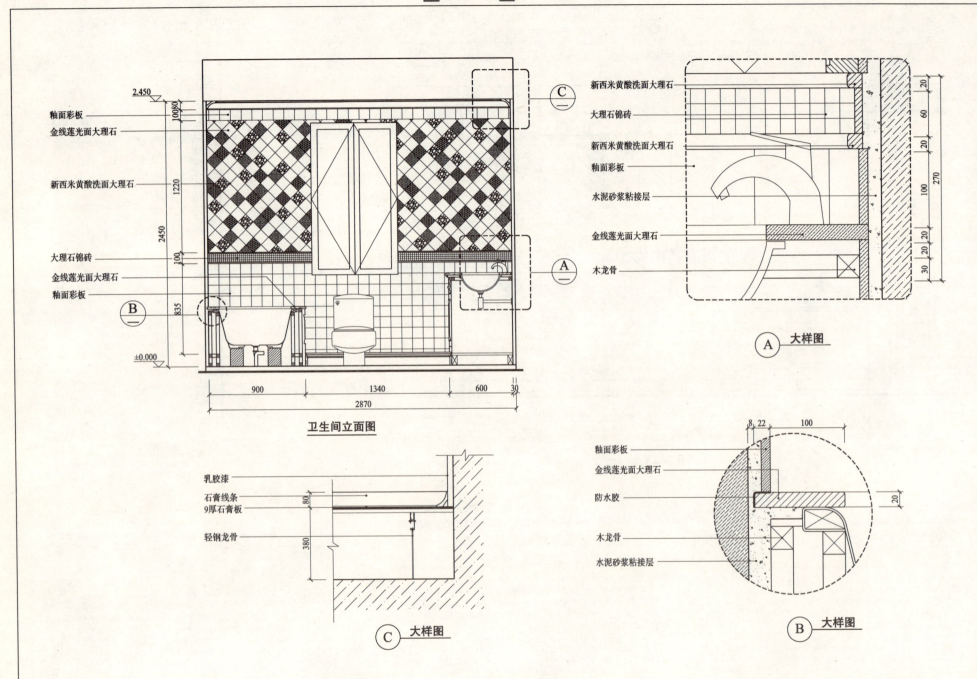

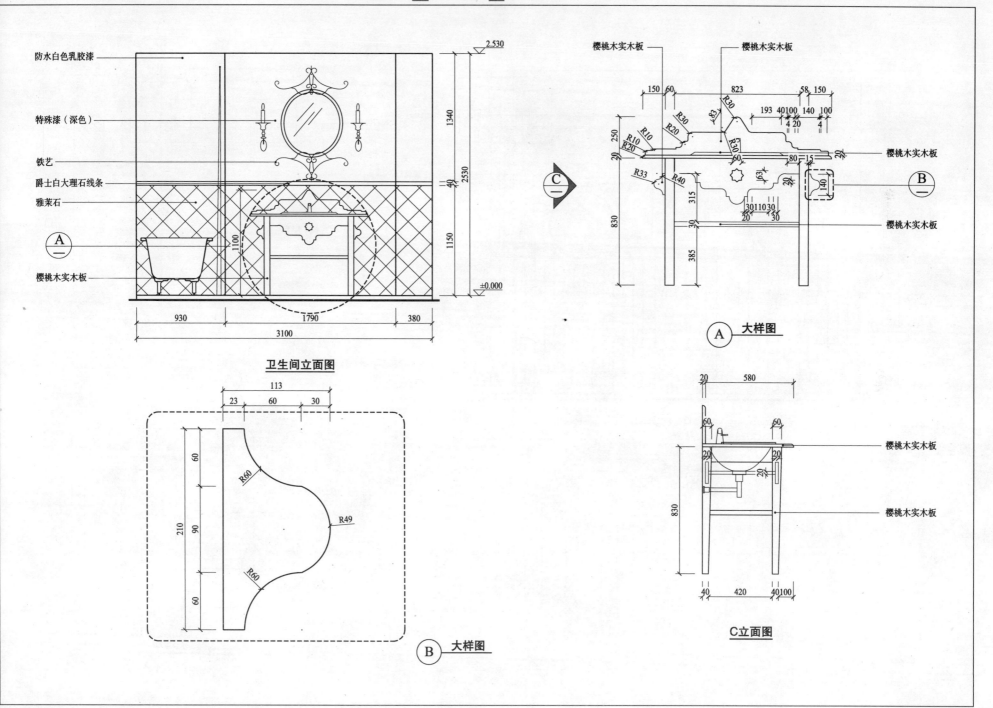

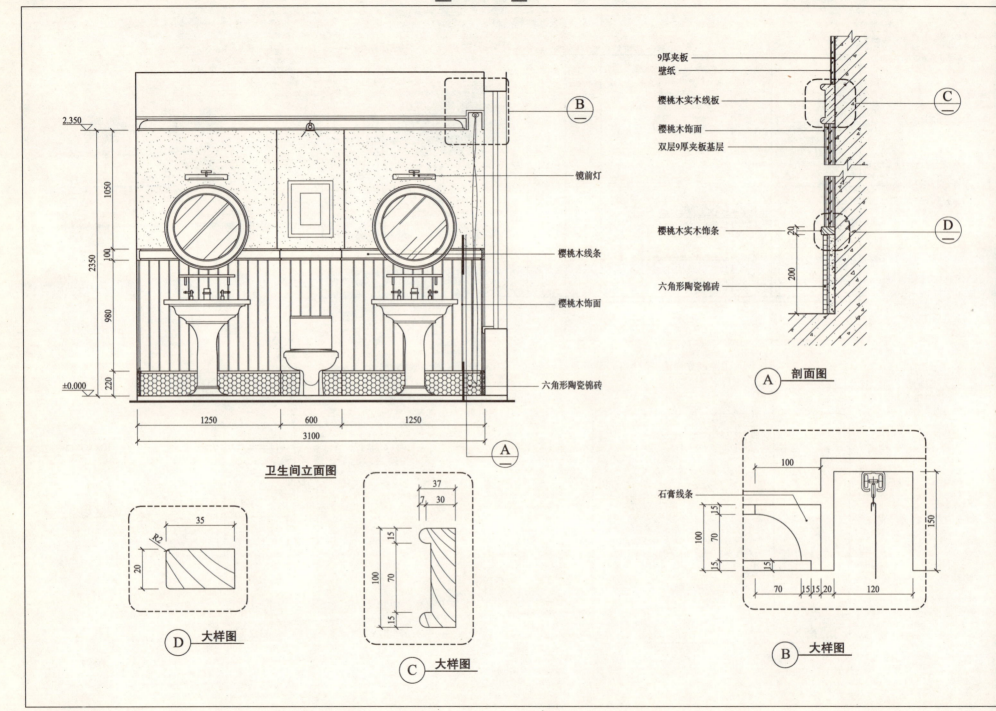

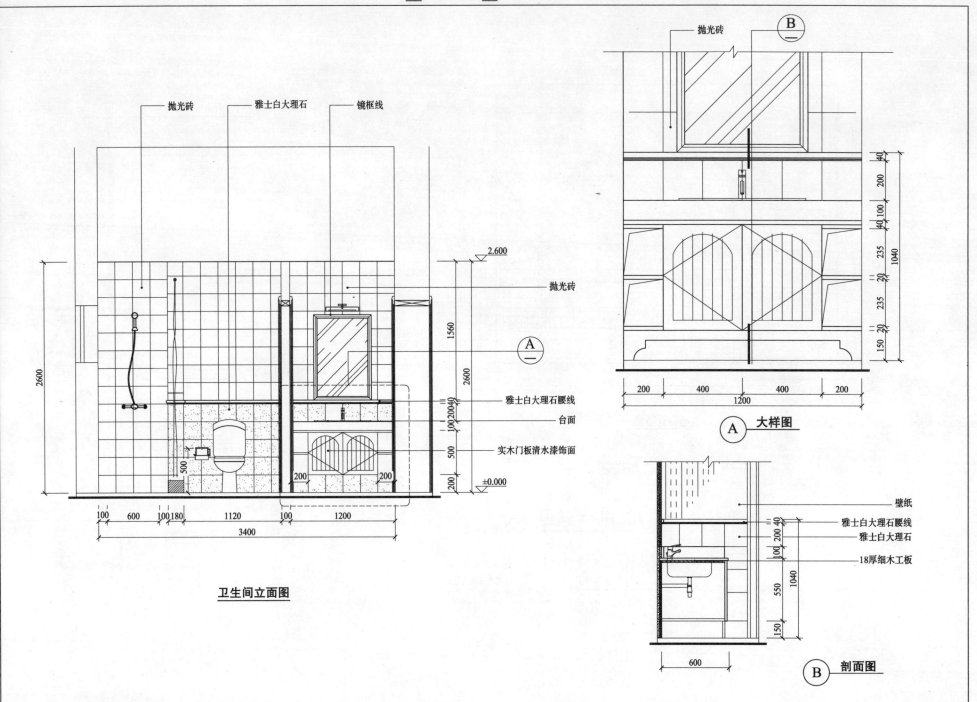

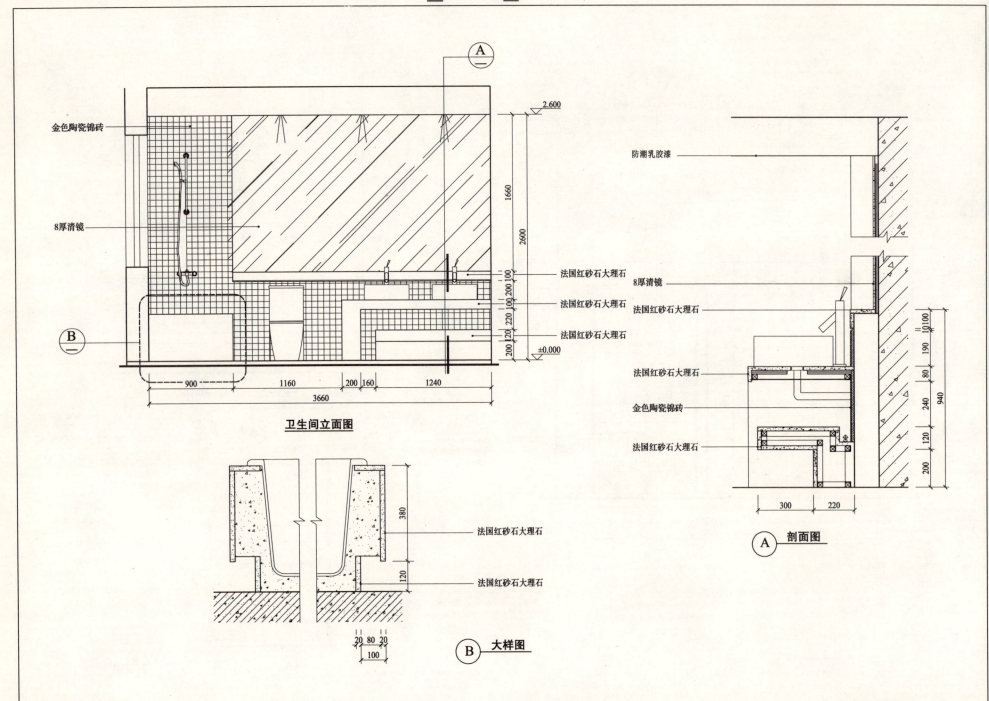

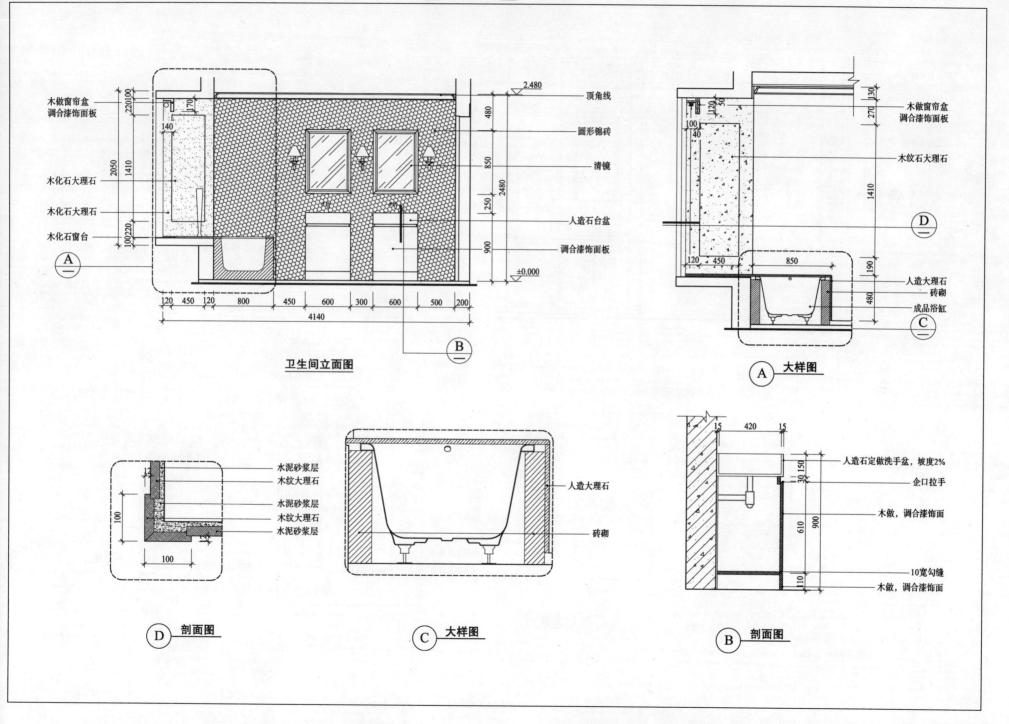

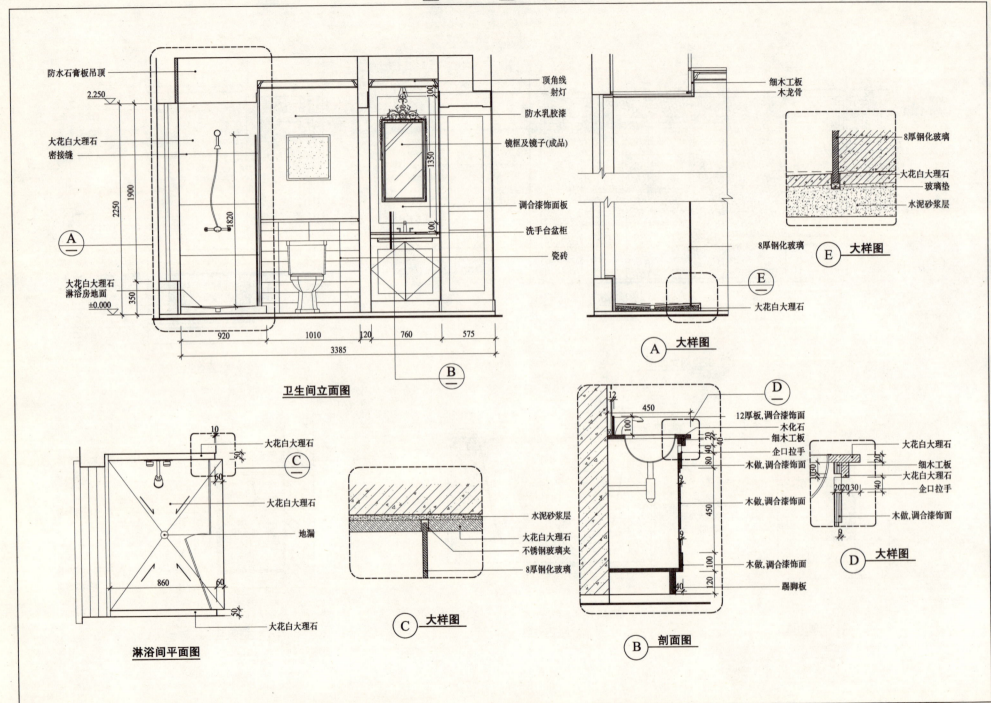

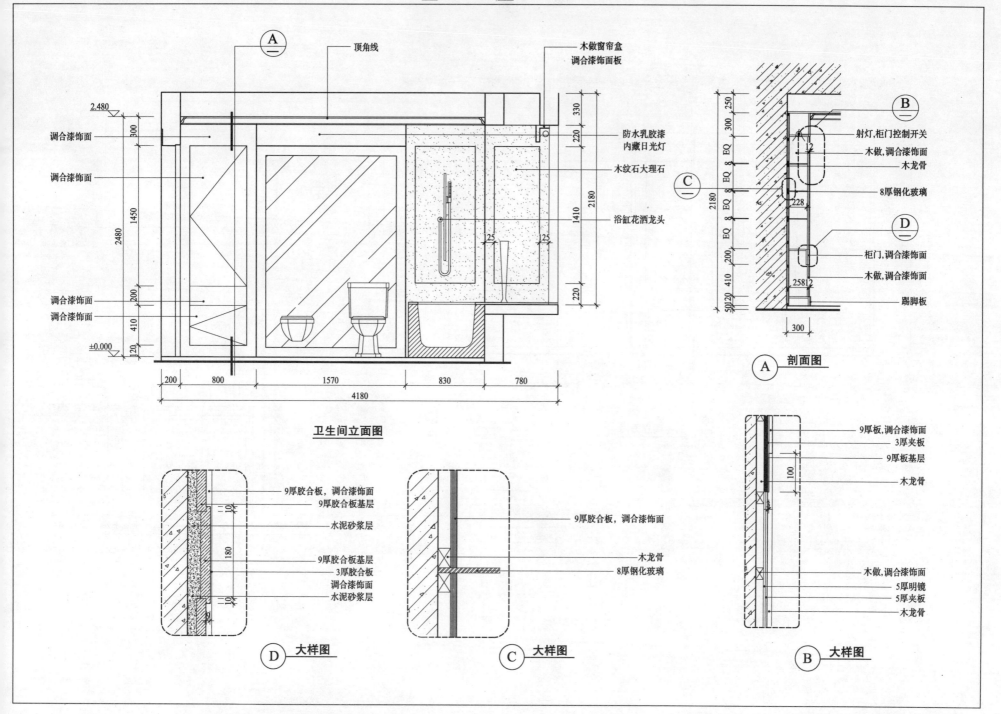

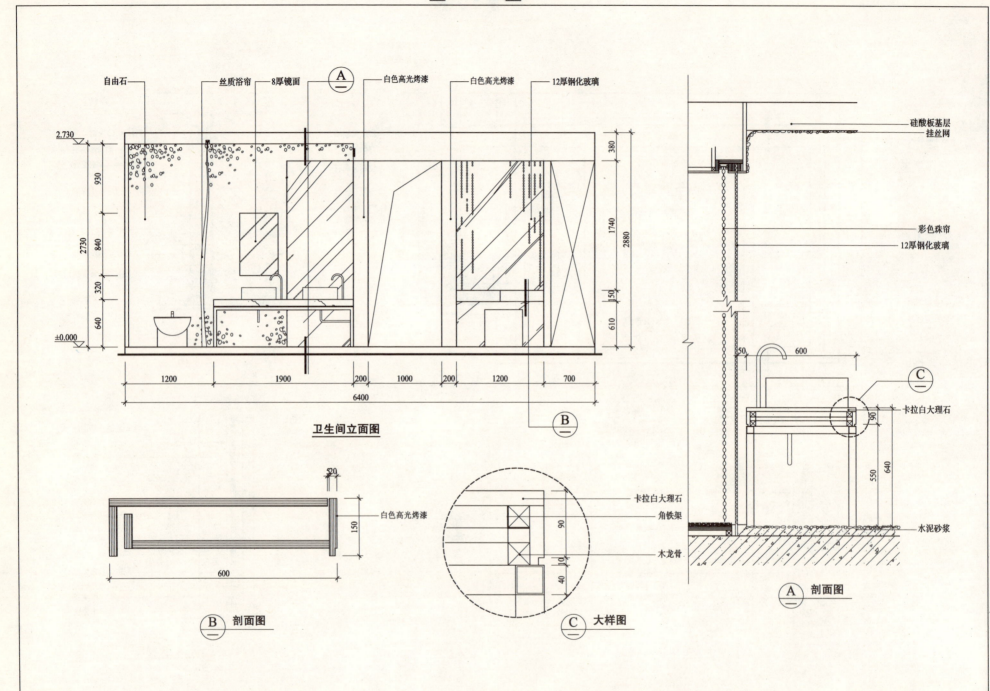

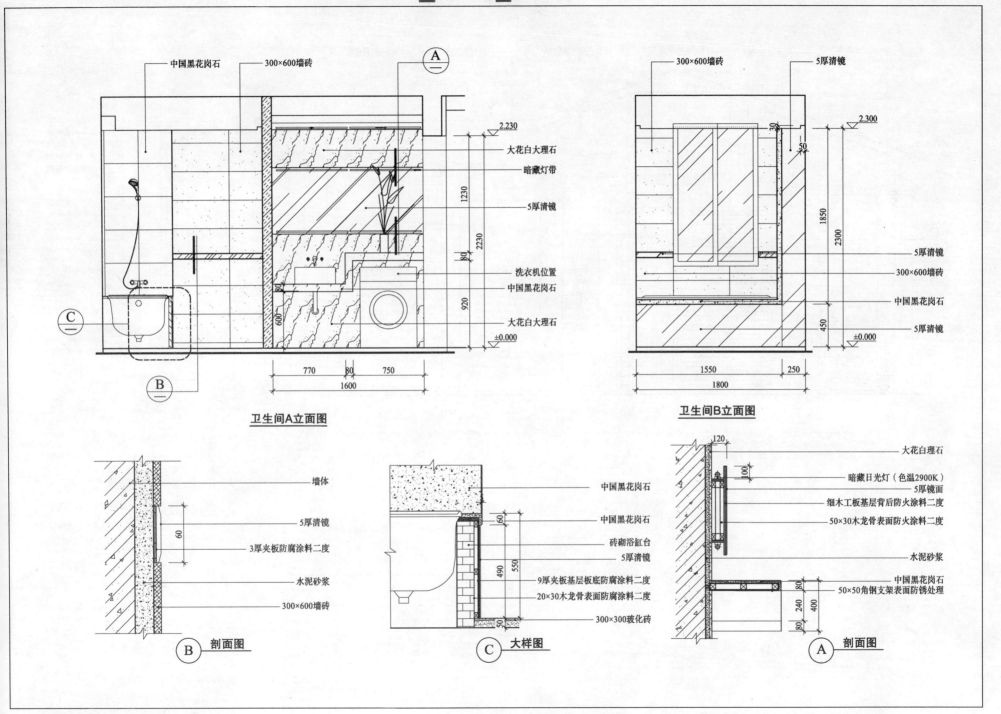

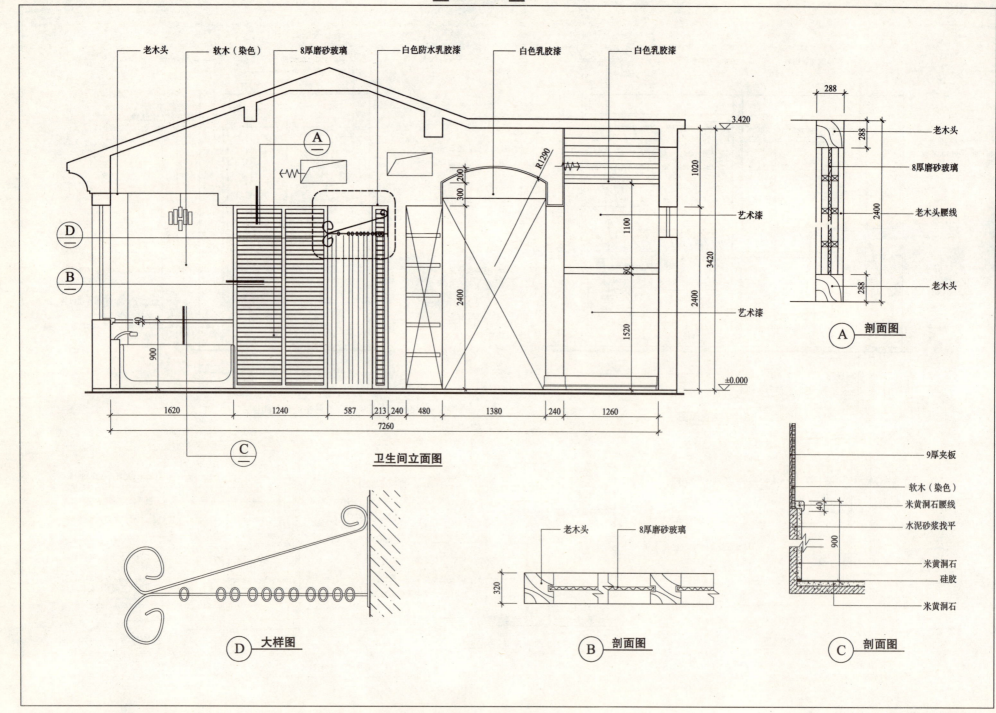

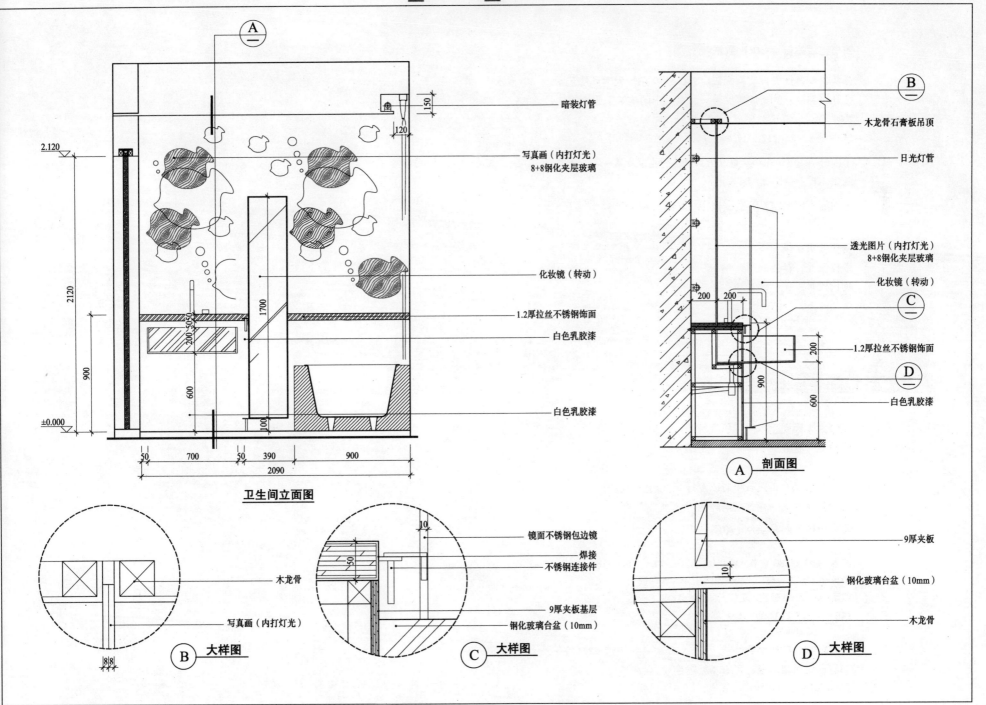

图书在版编目（CIP）数据

公共建筑装饰设计实例图集. 3（下）/东华大学环境艺术设计研究院；鲍诗度等编. —北京：中国建筑工业出版社，2007
ISBN 978–7–112–09744–9

Ⅰ. 公… Ⅱ. 东… Ⅲ. 公共建筑–建筑装饰–建筑设计–图集 Ⅳ. TU242–64

中国版本图书馆 CIP 数据核字（2007）第 178928 号

责任编辑：杨　军
责任设计：崔兰萍
责任校对：关　健　刘　钰

公共建筑装饰设计实例图集
3（下）
东华大学环境艺术设计研究院
鲍诗度　王淮梁　李学义　主编
*
中国建筑工业出版社出版、发行（北京西郊百万庄）
各地新华书店、建筑书店经销
北京中科印刷有限公司印刷
*
开本：880×1230 毫米　横 1/16　印张：12¼　插页：8　字数：382 千字
2008 年 4 月第一版　2008 年 4 月第一次印刷
印数：1—2500 册　　定价：**68.00** 元
ISBN 978-7-112- 09744-9
（16408）

版权所有　翻印必究
如有印装质量问题，可寄本社退换
（邮政编码　100037）